"十三五"高等职业教育能源类专业规划教材

新能源电源变换技术

葛　庆　张清小　主　编

龚根平　杨　明　章小庆　副主编

李毅斌　主　审

U0316539

中国铁道出版社有限公司

CHINA RAILWAY PUBLISHING HOUSE CO., LTD.

内 容 简 介

　　本书主要讲解光伏发电、风力发电等新能源技术中电源变换电路分析与制作所需要的知识与技能，内容包括电力电子器件、电力电子器件驱动与保护电路分析、可控整流电路分析、直流变换电路分析与制作、逆变电路分析与制作等内容。

　　本书适合作为高等职业院校能源类相关专业的教材，也可作为从事新能源发电研究与工程应用人员的参考用书。

图书在版编目（CIP）数据

新能源电源变换技术/葛庆，张清小主编 . —北京：
中国铁道出版社，2016.9（2022.12重印）
"十三五"高等职业教育能源类专业规划教材
ISBN 978-7-113-21884-3

Ⅰ. ①新… Ⅱ. ①葛… ②张… Ⅲ. ①新能源 – 电源
– 变流 – 高等职业教育—教材 Ⅳ. ①TM46

中国版本图书馆 CIP 数据核字（2016）第 232383 号

书　　名：**新能源电源变换技术**
作　　者：葛　庆　张清小

策　　划：李露露　　　　　　　　　　　编辑部电话：（010）63560043
责任编辑：何红艳
编辑助理：绳　超
封面设计：付　巍
封面制作：白　雪
责任校对：王　杰
责任印制：樊启鹏

出版发行：中国铁道出版社有限公司（100054，北京市西城区右安门西街 8 号）
网　　址：http：//www.tdpress.com/51eds/
印　　刷：三河市航远印刷有限公司
版　　次：2016 年 9 月第 1 版　　　　2022 年 12 月第 4 次印刷
开　　本：787 mm×1 092 mm　1/16　印张：11.5　字数：286 千
书　　号：ISBN 978-7-113-21884-3
定　　价：38.00 元

人类正面临化石能源短缺和生态环境污染的局面，大力发展光伏发电、风力发电等新能源，走可持续发展的道路，已逐渐成为人们的共识。

新能源发电类专业伴随新能源的兴起，有了广阔的发展空间，亟须开发与之相适应的配套教材。本书从新能源发电应用角度出发，以专业需求为导向，以应用实践为主线，把新能源发电中与电源变换相关的电路技术分析与应用进行整合，主要内容包括电力电子器件、电力电子器件驱动与保护电路分析、可控整流电路分析、直流变换电路分析与制作、逆变电路分析与制作等内容。

本书由湖南理工职业技术学院葛庆、张清小任主编，湖南理工职业技术学院龚根平、杨明，江西新能源科技职业学院章小庆任副主编，湖南理工职业技术学院汤秋芳、卢绍群参与了本书的编写。其中，葛庆负责拟定提纲，并编写绪论、第1章第6节、第2章及全书统稿工作；张清小负责编写第1章第5节、第3章第3节、第4章第4节及全书练习；龚根平负责编写第5章；杨明负责编写第3章第1~2节；章小庆负责编写第4章第1节；汤秋芳负责编写第1章第1~4节；卢绍群负责编写第4章第2~3节。全书由浙江瑞亚能源科技有限公司李毅斌总经理主审。

本书在编写的过程中得到了北京新大陆时代教育科技有限公司陆胜洁、王水钟、桑宁如，浙江瑞亚能源科技有限公司易潮，湖南理工职业技术学院黄建华，衢州职业技术学院廖东进等人的大力支持和帮助，在此表示衷心的感谢！

本书在编写中参考了大量的文献资料，在此向相关作者致以谢意。

由于编者水平所限，书中难免有疏漏及不妥之处，敬请使用本书的读者批评指正。

编 者

2016 年 5 月

目录

目录

绪　　论

1. 关于新能源电源变换技术

新能源发电、应用领域常常会根据需要对电源进行各种形式的变换，如独立光伏系统中需要将光伏组件发出的直流电存储在蓄电池等储能设备中，有时又需要对其电压进行变换，当向交流负载供电时就需要进行电源逆变。本课程主要研究各种电力电子器件和由电力电子器件所构成的各种电路（变流装置），以及电路对电能的变换和控制技术。

2. 新能源电源变换的主要功能

新能源电源变换技术是运用电子技术、自动控制技术、电力技术对电能进行控制和变换的技术，它的基本功能是使交流和直流电能互相转换。主要有以下功能：

（1）整流（AC/DC）。把交流电变换成固定的或可调的直流电。由电力二极管可组成不可控整流电路；由晶闸管或其他全控型器件可组成可控整流电路。

（2）逆变（DC/AC）。把直流电变换成频率固定或频率可调的交流电。

（3）直流变换（DC/DC）。根据负载需要对直流电源进行变换，以满足负载对直流电源电压、电流及功率的需要。

（4）交流变换（AC/AC）。交流变换电路可分为交流调压电路和变频电路。交流调压是在维持电能频率不变的情况下改变输出电压幅值；变频电路用于把频率固定或变化的交流电变换成频率可调的交流电。

3. 新能源电源的应用

新能源电源的应用领域非常广泛，从小型节能照明到大型并网电站领域。容量从 1 W 到 1 GW 不等，工作频率也由 1 Hz 到 100 MHz 不等。电源类型则有风力发电、光伏发电、光热发电、生物质能发电等。

（1）独立型新能源电源。如光伏路灯、风光互补路灯、家用光伏系统、偏远山区光伏通信基站电源。

（2）交通运输。电气化铁路中广泛采用电力电子技术进行电源变换。电力机车中的直流机车采用整流装置，交流机车采用变频装置。直流斩波器也广泛应用于铁道车辆。在磁悬浮列车中，电力电子技术也是一项关键技术。除牵引电动机车传动外，车辆中的各种辅助电源也都离不开电力电子技术。

电动汽车的电动机靠电力电子装置进行电力变换和驱动控制，其蓄电池的充电也离不开电力电子装置。一台高级汽车中需要许多控制电动机，它们也要靠变频器和斩波器驱动并控制。

飞机、船舶需要很多不同要求的电源，因此航空和航海都离不开电力电子技术。

（3）电力系统。新能源电源变换技术在电力系统中的应用也非常广泛。据统计，发达国家在用户最终使用中，有 60% 以上电能至少经过一次以上的电力电子变流装置的处理。直流输电在长距离、大容量输电时有很大优势，其送电端的整流阀、受电端的逆变阀都采用晶闸管变流装置。近年发展起来的柔性交流输电也是依靠电力电子装置才得以实现的。

在变电所中，给操作系统提供可靠的交直流操作电源，给蓄电池充电等都需要电力电子装置。

风力发电系统、光伏发电系统、生物质能发电等均需要进行电源变换以满足电力网或用户的各种不同的需要。

（4）其他。不间断电源（UPS）在现代社会中的作用越来越重要，用量越来越大。

以前电力电子技术的应用偏重于中、大功率。现在 1 kW 以下，甚至几十瓦以下的功率范围内，电力电子技术的应用也越来越广，其地位也越来越重要。

第 **1** 章

→ **电力电子器件**

本章简介

本章以电力电子技术中最常用的元器件应用为主线,从电力电子器件原理开始,详细介绍电力电子器件的结构、原理和性能参数;并结合电力电子器件的特点,介绍电力电子器件的识别、检测、应用技术。主要内容包括:晶闸管(SCR)、电力晶体管(GTR)、可关断晶闸管(GTO)、功率场效应晶体管(Power MOSFET)、绝缘栅双极晶体管(IGBT)等。

1.1 晶 闸 管

晶闸管曾称可控硅,全称晶体闸流管,简称 SCR。晶闸管是一种大功率半导体器件,能利用其整流可控特性对大功率电源进行控制和变换。晶闸管的数量很多,主要包括普通晶闸管、双向晶闸管、快速晶闸管、可关断晶闸管、光控晶闸管和逆导晶闸管等。目前运用最多的是单向晶闸管和双向晶闸管。

1.1.1 单向晶闸管

1. 单向晶闸管的结构和符号

单向晶闸管是由 P 型和 N 型四层半导体材料组成的,有三个 PN 结,对外有三个电极[见图 1.1(a)]:第一层 P 型半导体引出的电极称为阳极 A,第三层 P 型半导体引出的电极称为门极(或控制极)G,第四层 N 型半导体引出的电极称为阴极 K。从单向晶闸管的图形符号[见图 1.1(b)]可以看到,它和二极管一样,是一种单向导电的器件,关键是多了一个门极 G,这就使它具有与二极管完全不同的工作特性。常见单向晶闸管的外形如图 1.2 所示,各引脚(A、K、G)已标于图中。

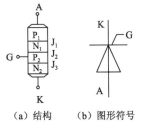

(a)结构　(b)图形符号

图 1.1　单向晶闸管的结构和图形符号

图 1.2　常见单向晶闸管的外形

2. 单向晶闸管的工作特性

单向晶闸管在工作过程中，它的阳极 A 和阴极 K 与电源和负载连接，组成单向晶闸管的主电路，单向晶闸管的门极 G 和阴极 K 与控制单向晶闸管的装置连接，组成单向晶闸管的控制电路。

1）单向晶闸管的触发演示实验

在图 1.3 所示的电路中，单向晶闸管的 A、K 极、指示灯 HL 和电源 V_{AA} 构成的回路称为主电路。单向晶闸管的 G、K 极、开关 S 和电源 V_{GG} 构成的回路称为触发电路或控制电路。

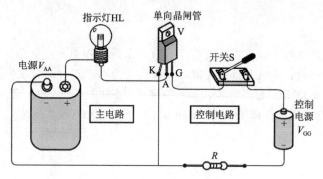

图 1.3　单向晶闸管的触发演示实验

按图 1.3 接通电路，指示灯不亮，说明单向晶闸管没有导通；再按一下开关 S，给门极输入一个触发电压，指示灯亮了，说明单向晶闸管导通了。

（1）正向阻断。在图 1.4 所示电路中，指示灯不亮。这说明单向晶闸管加正向电压，但门极未加正向触发电压时，晶闸管不会导通，这种状态称为单向晶闸管的正向阻断状态。

（2）触发导通。在图 1.5 所示电路中，单向晶闸管加正向电压，在门极上加正向触发电压，此时指示灯亮，表明单向晶闸管导通，这种状态称为单向晶闸管的触发导通状态。

（3）反向阻断。在图 1.6 所示电路中，单向晶闸管加反向电压，即阳极 A 接电源负极，阴极 K 接电源正极，此时不论开关 S 闭合与否，指示灯始终不亮。这说明当单向晶闸管加反向电压时，不管门极加怎样的电压，它都不会导通，而处于截止状态，这种状态称为单向晶闸管的反向阻断状态。

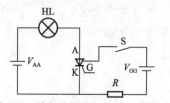 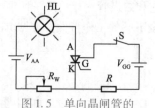 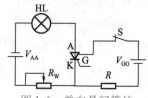

图 1.4　单向晶闸管的正向阻断状态　　图 1.5　单向晶闸管的　　图 1.6　单向晶闸管的
　　　　　　　　　　　　　　　　　　　　　触发导通状态　　　　　　反向阻断状态

2）单向晶闸管触发实验分析

由单向晶闸管触发实验可知，要使单向晶闸管导通，一是在它的阳极 A 与阴极 K 之间外加正向电压，二是在它的门极 G 与阴极 K 之间输入一个正向触发电压。单向晶闸管导通后，松开开关，去掉触发电压，仍然维持导通状态。单向晶闸管相当于一个半可控的、可开不可关的单向开关，如图 1.6 所示，当单向晶闸管的阳极和阴极电压 $U_{AK}<0$，即 V_{AA} 下正上负，无

论门极 G 加什么电压，单向晶闸管始终处于关断状态；$U_{AK} > 0$ 且 $V_{GK} > 0$ 时，单向晶闸管才能导通。

在图 1.5 中，单向晶闸管一旦导通，门极 G 将失去控制作用，即无论 V_{GG} 如何，单向晶闸管均保持导通状态。单向晶闸管导通后的管压降为 1V 左右，主电路中的电流由 R_{HL} 和 R_W 以及 V_{AA} 的大小决定；当 $U_{AK} < 0$ 时，无论单向晶闸管原来的状态如何，都会使指示灯 HL 熄灭，即此时单向晶闸管关断。其实，在主电路中的电流逐渐降低（通过调整 R_W）至某一个小数值时，刚刚能够维持单向晶闸管导通。如果继续降低主电路中的电流，则单向晶闸管同样会关断。该小电流称为单向晶闸管的维持电流。

3. 单向晶闸管的导通关断原理

如图 1.7 所示，单向晶闸管是四层三端器件，它有 J_1、J_2、J_3 三个 PN 结，可以把它中间的 NP 分成两部分，构成一个 PNP 型三极管和一个 NPN 型三极管的复合管。当单向晶闸管承受正向阳极电压时，为使单向晶闸管导通，必须使承受反向电压的 PN 结 J_2 失去阻挡作用。图 1.7 中每个晶体管的集电极电流同时就是另一个晶体管的基极电流。因此，两个互相复合的晶体管电路，当有足够的门极电流 I_G 流入时，就会形成强烈的正反馈，造成两晶体管饱和导通，即"一触即发"，换句话说，即当条件满足的时候，晶闸管就导通。但是，如果阳极或门极外加的是反向电压，单向晶闸管就不能导通。门极的作用是通过外加正向电压使单向晶闸管导通，却不能使它关断。那么，用什么方法才能使导通的单向晶闸管关断呢？使导通的单向晶闸管关断，可以断开阳极电源或使阳极电流小于维持导通的最小值（即维持电流）。如果单向晶闸管阳极和阴极之间外加的是交流电压或脉动直流电压，那么，在电压过零时，单向晶闸管会自行关断。

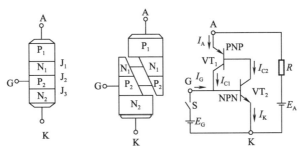

图 1.7　单向晶闸管等效电路

4. 单向晶闸管的阳极伏安特性

单向晶闸管的阳极与阴极间电压和阳极电流之间的关系，称为阳极伏安特性，其伏安特性曲线如图 1.8 所示。

图 1.8 中第 Ⅰ 象限为单向晶闸管的正向伏安特性，当 $I_G = 0$ 时，如果在单向晶闸管两端所加正向电压 U_A 未增到正向转折电压 U_{BO} 时，单向晶闸管都处于正向阻断状态，只有很小的正向漏电流。当 U_A 增到 U_{BO} 时，则漏电流急剧增大，单向晶闸管导通，正向电压降低，其特性和二极管的正向伏安特性相仿，称为正向转折或"硬开通"。多次"硬开通"会损坏晶闸管，通常不允许晶闸管这样工作。一般采用对单向晶闸管的门极加足够大的触发电流的方法使其导通，门极触发电流越大，正向转折电压越低。

单向晶闸管的反向伏安特性如图 1.8 中第 Ⅲ 象限所示，它与整流二极管的反向伏安特性相似。处于反向阻断状态时，只有很小的反向漏电流，当反向电压超过反向击穿电压 U_{RSM} 时，反向漏电流急剧增大，造成单向晶闸管反向击穿而损坏。

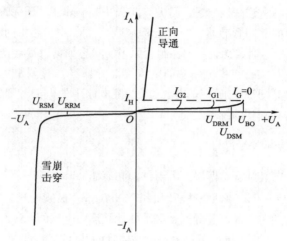

图 1.8 单向晶闸管的阳极伏安特性曲线

5. 单向晶闸管的主要参数

（1）断态不重复峰值电压 U_{DSM}。单向晶闸管门极开路时，施加于单向晶闸管的阳极电压上升到正向伏安特性曲线急剧转折处所对应的电压值为 U_{DSM}。它是一个不能重复施加，且每次持续时间不大于 10 ms 的断态最大脉冲电压。U_{DSM} 值应小于转折电压 U_{BO}。

（2）断态重复峰值电压 U_{DRM}。单向晶闸管在门极开路而结温为额定值时，允许重复加于单向晶闸管上的正向断态最大脉冲电压。

（3）反向不重复峰值电压 U_{RSM}。门极开路，单向晶闸管承受反向电压时，对应于反向伏安特性曲线急剧转折处的反向峰值电压值为 U_{RSM}。它是一个不能重复施加，且每次持续时间不大于 10 ms 的反向脉冲电压。反向不重复峰值电压 U_{RSM} 应小于反向击穿电压。

（4）反向重复峰值电压 U_{RRM}。单向晶闸管在门极开路而结温为额定值时，允许重复加于单向晶闸管上的反向最大脉冲电压。每秒 50 次，每次持续时间不大于 10 ms。规定 U_{RRM} 为 U_{RSM} 的 90%。

（5）额定电压 U_R。断态重复峰值电压 U_{DRM} 和反向重复峰值电压 U_{RRM} 两者中较小的一个电压值规定为额定电压 U_R。在选用单向晶闸管时，应该使其额定电压为正常工作电压峰值 U_M 的 2 ~ 3 倍，以作为安全裕量。

（6）通态峰值电压 U_{TM}。规定为额定电流时单向晶闸管导通的管压降峰值。一般为 1.5 ~ 2.5 V，且随阳极电流的增加而略微增加。额定电流时的通态平均电压降一般为 1 V 左右。

（7）通态平均电流 $I_{T(AV)}$。在环境温度为 +140 ℃和规定的散热冷却条件下，单向晶闸管在导通角不小于 170°电阻性负载的单相、工频正弦半波导电，结温稳定在额定值 125 ℃时，所允许通过的最大电流平均值，即允许流过的最大工频正弦半波电流的平均值。

选用一个单向晶闸管时，要根据所通过的具体电流波形来计算容许使用的电流有效值，该值要小于单向晶闸管额定电流对应的有效值，单向晶闸管才不会损坏。

设单相、工频正弦半波电流峰值为 I_m 时，通态平均电流为

$$I_{T(AV)} = \frac{1}{2\pi}\int_0^\pi I_m \sin \omega t \, \mathrm{d}(\omega t) = \frac{I_m}{\pi} \tag{1.1}$$

正弦半波电流有效值为

$$I = \sqrt{\frac{1}{2\pi}\int_0^\pi (I_m \sin \omega t)^2 \mathrm{d}(\omega t)} = \frac{I_m}{2} \tag{1.2}$$

有效值与通态平均电流比值为

$$\frac{I}{I_{T(AV)}} = \frac{\pi}{2} = 1.57 \tag{1.3}$$

则有效值为

$$I = 1.57 I_{T(AV)} \tag{1.4}$$

根据有效值相等原则来计算单向晶闸管的额定电流。若电路中实际流过单向晶闸管的电流有效值为 I，平均值为 I_d，定义波形系数为

$$K_f = \frac{I}{I_d} \tag{1.5}$$

则

$$I \leqslant 1.57 I_{T(AV)} \Rightarrow K_f I_d \leqslant 1.57 I_{T(AV)} \tag{1.6}$$

由于单向晶闸管的热容量小、过载能力低，因此在实际选择时，一般取 $1.5 \sim 2$ 倍的安全系数，则

$$(1.5 \sim 2) K_f I_d \leqslant 1.57 I_{T(AV)} \Rightarrow I_d \leqslant \frac{1.57 I_{T(AV)}}{(1.5 \sim 2) K_f} \tag{1.7}$$

（8）维持电流 I_H（针对关断过程）。维持电流 I_H 是指单向晶闸管维持导通所必需的最小电流，一般为几十到几百毫安。维持电流与结温有关，结温越高，维持电流越小，单向晶闸管越难关断。

（9）断态电压临界上升率 $\mathrm{d}u/\mathrm{d}t$。断态电压临界上升率 $\mathrm{d}u/\mathrm{d}t$ 指在额定结温和门极开路的情况下，不导致单向晶闸管从断态到通态转换的外加电压最大上升率。电压上升率过大，会使单向晶闸管误导通。

（10）通态电流临界上升率 $\mathrm{d}i/\mathrm{d}t$。如果电流上升太快，可能造成局部过热而使单向晶闸管损坏。

6. 单向晶闸管的品质及极性检测

（1）品质检测。具体步骤如下：

① 万用表置于 R×10 挡，红表笔接阴极 K，黑表笔接阳极 A，万用表指针应接近 ∞，如图 1.9（a）所示。

② 用黑表笔在不断开阳极的同时接触门极 G，万用表指针向右偏转到低阻值，表明单向晶闸管能触发导通，如图 1.9（b）所示。

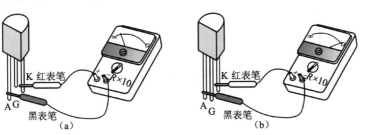

图 1.9　单向晶闸管的测量

③ 在不断开阳极 A 的情况下，断开黑表笔与门极 G 的接触，万用表指针应保持在原来的低阻值上，表明单向晶闸管撤去控制信号后仍将保持导通状态。

（2）极性的检测。选用万用表的 R×100 或 R×1k 挡，由上述可知，单向晶闸管 G、K 极之间是一个 PN 结，相当于一个二极管，G 为正极、K 为负极，所以，按照测试二极管的方法，找出三个极中的两个极，测它的正、反向电阻，电阻小时，万用表黑表笔接的是门极 G，红表笔接的是阴极 K，剩下的一个就是阳极 A。

1.1.2 双向晶闸管

1. 双向晶闸管的外形与结构

双向晶闸管的外形与普通晶闸管类似，有塑封式、螺栓式和平板式。但其内部是一种 NPNPN 五层结构引出三个端线的器件。不同公司生产的单向晶闸管的引脚排列通常不一致，而双向晶闸管的引脚多数是按 T_1、T_2、G 的顺序从左至右排列（电极引脚向下，面对有字符的一面）。对于采用螺栓式封装的双向晶闸管，通常螺栓是其阳极，这样就能与散热器紧密连接且方便安装。常见双向晶闸管外形及引脚排列如图 1.10 所示。

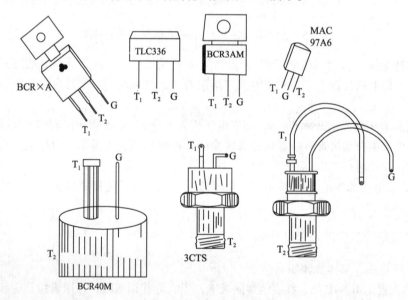

图 1.10　双向晶闸管的外形

双向晶闸管的内部结构、等效电路、图形符号及伏安特性如图 1.11 所示。

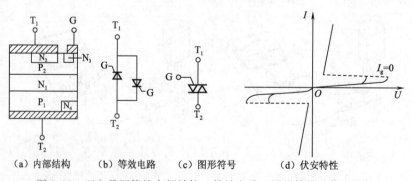

（a）内部结构　　（b）等效电路　　（c）图形符号　　（d）伏安特性

图 1.11　双向晶闸管的内部结构、等效电路、图形符号及伏安特性

2. 双向晶闸管的特性与参数

双向晶闸管具有正反向对称的伏安特性曲线。正向部分位于第 I 象限，反向部分位于第 III 象限，如图 1.11（d）所示。

双向晶闸管的主要参数中只有额定电流与普通晶闸管有所不同，其他参数定义相似。由于双向晶闸管工作在交流电路中，正反向电流都可以流过，所以它的额定电流不用平均值而是用有效值来表示。定义为，在标准散热条件下，当器件的单向导通角大于 170°，允许流过器件的最大交流正弦电流的有效值，用 $I_{T(RMS)}$ 表示。

双向晶闸管电流有效值与普通晶闸管电流平均值之间的换算关系式为

$$I_{T(AV)} = \frac{\sqrt{2}}{\pi} I_{T(RMS)} = 0.45 I_{T(RMS)} \tag{1.8}$$

以此推算，一个 100 A 的双向晶闸管与两个反向并联 45 A 的普通晶闸管电流容量相等。

3. 双向晶闸管的触发方式

双向晶闸管正反两个方向都能导通，门极加正负电压都能触发。主电压与触发电压相互配合，可以得到四种触发方式：

I_+ 触发方式：主极 T_1 为正，T_2 为负；门极电压 G 为正，T_2 为负。特性曲线在第 I 象限。

I_- 触发方式：主极 T_1 为正，T_2 为负；门极电压 G 为负，T_2 为正。特性曲线在第 I 象限。

III_+ 触发方式：主极 T_1 为负，T_2 为正；门极电压 G 为正，T_2 为负。特性曲线在第 III 象限。

III_- 触发方式：主极 T_1 为负，T_2 为正；门极电压 G 为负，T_2 为正。特性曲线在第 III 象限。

由于双向晶闸管的内部结构原因，四种触发方式中触发灵敏度不相同，以 III_+ 触发方式灵敏度最低，使用时要尽量避开，常采用的触发方式为 I_+ 和 III_-。

4. 双向晶闸管的识别与检测

（1）判定 T_1 极。由图 1.12 可见，G 极与 T_2 极靠近，距 T_1 极较远。因此，$G-T_2$ 之间的正、反向电阻都很小。在用 R×1 挡测任意两引脚之间的电阻时，只有在 $G-T_2$ 之间呈现低阻，正、反向电阻仅几十欧，而 T_1-C、T_2-T_1 之间的正、反向电阻均为无穷大。这表明，如果测出某引脚和其他两引脚都不通，就肯定是 T_1 极。另外，采用 TO-220 封装的双向晶闸管，T_1 极通常与小散热板连通，据此亦可确定 T_1 极。

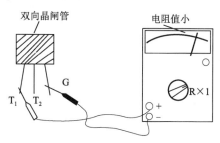

图 1.12 双向晶闸管的测量

（2）区分 G 极和 T_2 极。步骤如下：

① 找出 T_1 极之后，首先假定剩下两引脚中某一引脚为 T_2 极，另一引脚为 G 极。

② 把黑表笔接 T_2 极，红表笔接 T_1 极，电阻为无穷大。接着用红表笔把 T_1 极与 G 极短

路，给 G 极加上负触发信号，电阻值应为 10Ω 左右，证明双向晶闸管已经导通，导通方向为 $T_2 \rightarrow T_1$。再将红表笔与 G 极脱开（但仍接 T_1），若电阻值保持不变，证明双向晶闸管在触发之后能维持导通状态。

③ 把红表笔接 T_2 极，黑表笔接 T_1 极，然后使 T_1 极与 G 极短路，给 G 极加上正向触发信号，电阻值仍为 10 Ω 左右，与 G 极脱开后若电阻值不变，则说明双向晶闸管经触发后，在 $T_1 \rightarrow T_2$ 方向上也能维持导通状态，因此具有双向触发性质。由此证明，上述假定正确。否则，是假定与实际不符，需要再进行假定，重复以上测量。显见，在识别 G 极、T_2 极的过程中，也就检查了双向晶闸管的触发能力。如果按哪种假定去测量，都不能使双向晶闸管触发导通，证明双向晶闸管已损坏。对于 1 A 的双向晶闸管，亦可用 R×10 挡检测，对于 3 A 及 3 A 以上的双向晶闸管，应选 R×1 挡，否则难以维持导通状态。

1.2　电力晶体管

电力晶体管（Giant Transistor，GTR）是一种耐高电压、大电流的双极结型晶体管（Bipolar Junction Transistor，BJT），所以有时也称为 Power BJT；但驱动电路复杂，驱动功率大；GTR 和普通双极结型晶体管的工作原理是一样的。GTR 是一种电流控制的双极双结大功率、高反压电力电子器件，具有自关断能力，产生于 20 世纪 70 年代，其额定值已达 1 800 V/800 A/2 kHz、1 400 V/600 A/5 kHz、600 V/3 A/100 kHz。它既具备晶体管饱和压降低、开关时间短和安全工作区宽等固有特性，又增大了功率容量，因此，由它所组成的电路灵活、成熟、开关损耗小、开关时间短，在电源、电动机控制、通用逆变器等中等容量、中等频率的电路中应用广泛。GTR 的缺点是驱动电流较大、耐浪涌电流能力差、易受二次击穿而损坏。在开关电源和 UPS 内，GTR 正逐步被功率 MOSFET 和 IGBT 所代替。它的内部结构、图形符号及正向导通电路如图 1.13 所示。

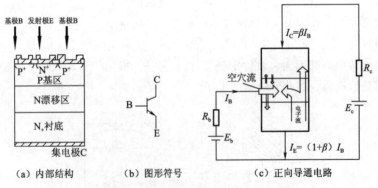

图 1.13　GTR 的内部结构、图形符号及正向导通电路

1.2.1　电力晶体管的结构和工作原理

（1）基本结构。电力晶体管简称 GTR 又称 BJT，GTR 和 BJT 这两个名称是等效的，结构和工作原理都和小功率晶体管非常相似。GTR 由三层半导体、两个 PN 结组成。和小功率晶体管一样，有 PNP 和 NPN 两种类型，GTR 通常多用 NPN 结构。图 1.13（a）是 NPN 型功率晶体管的内部结构。大多数 GTR 是用三重扩散法制成的，或者是在集电极高掺杂的硅衬底上用外

延生长法生长一层 N 漂移层，然后在上面扩散 P 基区，接着扩散掺杂的 N_+ 发射区。

在应用中，GTR 一般采用共发射极接法，如图 1.13（c）所示。集电极电流 I_C 与基极电流 I_B 的比值为

$$\beta = I_C/I_B \tag{1.9}$$

式中，β 称为 GTR 的电流放大系数，它反映出基极电流对集电极电流的控制能力。单管 GTR 的电流放大系数很小，通常为 10 左右。在考虑集电极和发射极之间的漏电流时，

$$I_C = \beta I_B + I_{CEO} \tag{1.10}$$

一些常见大功率晶体管的外形如图 1.14 所示。从图 1.14 可见，大功率晶体管的外形除体积比较大外，其外壳上都有安装孔或安装螺钉，便于将晶体管安装在外加的散热器上。因为对大功率晶体管来讲，单靠外壳散热是远远不够的。例如，50 W 的硅低频大功率晶体管，如果不加散热器工作，其最大允许耗散功率仅为 2~3 W。

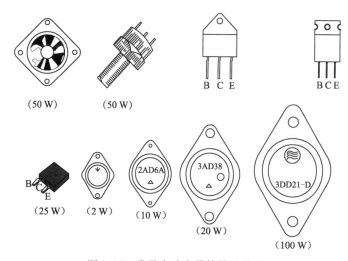

图 1.14　常见大功率晶体管的外形

（2）工作原理。GTR 主要工作在开关状态。GTR 通常工作在正偏（$I_B > 0$）大时，电流导通；反偏（$I_B < 0$）时，处于截止状态。因此，给 GTR 的基极施加幅度足够大的脉冲驱动信号，它将工作于导通和截止的开关状态。

1.2.2　电力晶体管的类型

目前常用的 GTR 有单管 GTR、达林顿 GTR 和 GTR 模块这三种类型。

1. 单管 GTR

NPN 三重扩散台面型结构是单管 GTR 的典型结构，这种结构可靠性高，能改善器件的二次击穿特性，易于提高耐压能力，并易于散出内部热量。

2. 达林顿 GTR

达林顿结构的 GTR 是由两个或多个晶体管复合而成，可以是 PNP 型也可以是 NPN 型，其性质取决于驱动管，它与普通复合晶体管相似。达林顿结构的 GTR 电流放大倍数很大，可以达到几十至几千倍。虽然达林顿结构大大提高了电流放大倍数，但其饱和管压降却增加了，增大了导通损耗，同时降低了晶体管的工作速度。

3. GTR 模块

目前作为大功率的开关应用还是 GTR 模块，它是将 GTR 管芯及为了改善性能的一个元件组装成一个单元，然后根据不同的用途将几个单元电路构成模块，集成在同一硅片上。这样，大大提高了器件的集成度、工作的可靠性和性价比，同时也实现了小型轻量化。目前生产的 GTR 模块，可将多达六个相互绝缘的单元电路制作在同一个模块内，便于组成三相桥式电路。

1.2.3 电力晶体管的特性与主要参数

1. GTR 的基本特性

（1）静态特性。共发射极接法时，GTR 的典型输出特性如图 1.15 所示，共发射极接法时的典型输出特性分为：截止区、放大区和饱和区三个区域。

截止区（又称阻断区），$i_B \leqslant 0$，$u_{BE} < 0$，$u_{BC} < 0$，GTR 承受高电压只有漏电流流过。

放大区（又称有源区或线性区），$i_B > 0$，$u_{BE} > 0$，$u_{BC} < 0$，$i_C = \beta i_B$，i_C 与 i_B 之间呈线性关系，特性曲线近似平直；对于工作于开关状态的 GTR 来说，应当尽量避免工作于放大区，否则功耗很大。

饱和区，$i_B > I_{CS}/\beta$，$u_{BE} > 0$，$u_{BC} > 0$。I_{CS} 是集电极饱和电流，其值由外电路决定。两个 PN 结都为正向偏置是饱和的特征。饱和时，集电极、发射极间的管压降 U_{CES} 很小，相当于开关接通，这时尽管电流很大，但损

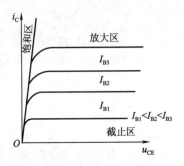

图 1.15　GTR 共发射极接法的输出特性

耗并不大。GTR 刚进入饱和时为临界饱和，如 i_C 继续增加，则为过饱和。用作开关时，应工作在深度饱和状态，这有利于降低 U_{CES} 和减小导通时的损耗。

（2）动态特性。通常用动态特性描述 GTR 开关过程的瞬态性能，又称开关特性。GTR 在实际应用中，通常工作在频繁开关状态。为正确、有效地使用 GTR，应了解其开关特性。图 1.16 所示为 GTR 开关特性的基极、集电极电流波形。

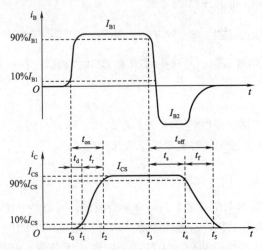

图 1.16　GTR 开关过程 i_B 和 i_C 的波形

整个工作过程分为开通过程、导通状态、关断过程、阻断状态四个不同的阶段。

开通过程：GTR 的开通过程是从 t_0 时刻起注入基极驱动电流，这时并不能立刻产生集电极电流，过一小段时间后，集电极电流开始上升，逐渐增至饱和电流值为 I_{cs}。延迟时间 t_d 和上升时间 t_r，二者之和为开通时间 t_{on}。t_d 主要是由基极与发射极间结电容充电产生的，t_r 是由于基区电荷存储需要一定的时间。增大 I_{B1} 的幅值并增大 di_B/dt，可缩短延迟时间，同时可缩短上升时间，从而加快开通过程。

关断过程：要关断 GTR，通常给基极加一个负的脉冲电流。但集电极电流并不能立即减小，而要经过一段时间才能开始减小，再逐渐降为零。储存时间 t_s 和下降时间 t_f，二者之和为关断时间 t_{off}。t_s 是用来除去饱和导通时存储在基区的载流子的时间，是关断时间的主要部分，t_f 是基极与发射极间结电容放电而产生的。

GTR 的开关时间在几微秒以内，比晶闸管和可关断晶闸管都短很多。GTR 在关断时漏电流很小，导通时饱和管压降很小。因此，GTR 在导通和关断状态下损耗都很小，但在关断和导通的转换过程中，电流和电压都较大，所以开关过程中损耗也较大。当开关频率较高时，开关损耗是总损耗的主要部分。因此，缩短开通和关断时间对降低损耗、提高效率和运行可靠性很有意义。

2. GTR 的主要参数

这里主要介绍 GTR 的极限参数，即最高工作电压、最大工作电流、最大耗散功率和最高工作结温等。

（1）最高工作电压。GTR 上所施加的电压超过规定值时，就会发生击穿。击穿电压不仅和晶体管本身特性有关，还与外电路接法有关。

$U_{(BR)CBO}$：发射极开路时，集电极和基极之间的反向击穿电压。

$U_{(BR)CEO}$：基极开路时，集电极和发射极之间的击穿电压。

$U_{(BR)CER}$：实际电路中，GTR 的发射极和基极之间常接有电阻器 R，这时用 $U_{(BR)CER}$ 表示集电极和发射极之间的击穿电压。

$U_{(BR)CES}$：当 R 为 0，即发射极和基极短路时，用 $U_{(BR)CES}$ 表示其击穿电压。

$U_{(BR)CEX}$：发射结反向偏置时，集电极和发射极之间的击穿电压。其中，$U_{(BR)CBO} > U_{(BR)CEX} > U_{(BR)CES} > U_{(BR)CER} > U_{(BR)CEO}$，实际使用时，为确保安全，最高工作电压要比 $U_{(BR)CEO}$ 低得多。

（2）集电极最大允许电流 I_{CM}。通常规定为 h_{FE} 下降到规定值的 $1/2 \sim 1/3$ 时所对应的 I_C。GTR 流过的电流过大，会使 GTR 参数劣化，性能将变得不稳定，尤其是发射极的集边效应可能导致 GTR 损坏。注意：实际使用时要留有裕量，只能用到 I_{CM} 的一半或稍多一点。

（3）集电极最大耗散功率 P_{CM}。集电极最大耗散功率是在最高工作温度下允许的耗散功率。它是 GTR 容量的重要标志。晶体管功耗的大小主要由集电极工作电压和工作电流的乘积来决定，它将转化为热能使晶体管升温，晶体管会因温度过高而损坏。实际使用时，集电极允许耗散功率和散热条件与工作环境温度有关。所以，在使用中应特别注意其值不能过大，散热条件要好。

（4）最高工作结温 T_{jM}。GTR 正常工作允许的最高结温。GTR 工作结温过高时，会导致热击穿而烧坏。产品说明书中给出 P_{CM} 的同时，给出了壳温 T_C，间接表示了最高工作温度。

1.2.4 电力晶体管的识别与检测

1. 用万用表识别 GTR 的电极和类型

假若不知道 GTR 的引脚排列，则可用万用表测量电阻的方法进行识别。

（1）判定基极。大功率晶体管的漏电流一般都比较大，所以用万用表来测量其极间电阻时，应采用满度电流比较大的低电阻挡为宜。

测量时将万用表置于 R×1 挡或 R×10 挡，一表笔固定接在 GTR 的任一电极，用另一表笔分别接触其他两个电极，如果万用表读数均为小阻值或均为大阻值，则固定接触的那个电极即为基极。如果按上述方法做一次测试判定不了基极，则可换一个电极再试，最多三次即可做出判定。

（2）判别类型。确定基极之后，设接基极的是黑表笔，而用红表笔分别接触另外两个电极时，如果阻值均较小，则该管为 NPN 型。如果接基极的是红表笔，用黑表笔分别接触其余两个电极时测出的阻值均较小，则该管为 PNP 型。

（3）判定集电极和发射极。在确定基极之后，再通过测量基极对另外两个电极之间的阻值大小比较，可以判别发射极和集电极。对于 PNP 型晶体管，红表笔固定接基极，黑表笔分别接触另外两个电极时测出两个大小不等的阻值，以阻值较小的接法为准，黑表笔所接的是发射极。而对于 NPN 型晶体管，黑表笔固定接基极，用红表笔分别接触另外两个电极进行测量，以阻值较小的这次测量为准，红表笔所接的是发射极。

2. GTR 性能检测

（1）通过测量极间电阻判断 GTR 的好坏。将万用表置于 R×1k 挡或 R×10 挡，测量 GTR 三个极间的正反向电阻便可以判断 GTR 性能好坏。

（2）检测 GTR 放大能力的简单方法。测试电路如图 1.17 所示。

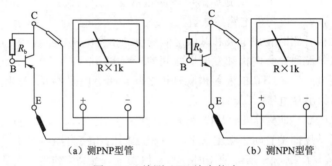

（a）测PNP型管　　　　　　　　　（b）测NPN型管

图 1.17　检测 GTR 放大能力

将万用表置于 R×1k 挡，并准备好一只 500 Ω ~ 1 kΩ 之间的小功率电阻器 R_b。测试时先不接电阻器，即在基极为开路的情况下测量集电极和发射极之间的电阻，此时万用表指针应在无穷大或接近无穷大的位置（锗管的阻值稍小一些）。如果此时阻值很小甚至接近于零，说明被测大功率晶体管穿透电流太大或已击穿损坏，应将其剔除。然后将电阻器接在被测管的基极和集电极之间，此时万用表指针将向右偏转，偏转角度越大，说明被测管的放大能力越强。

将接电阻器与不接电阻器时进行比较，万用表指针偏转大小差不多，则说明被测管的放大能力很弱，甚至无放大能力，这样的 GTR 不能使用。

1.3　可关断晶闸管

可关断晶闸管（Gate-Turn-Off Thyristor，GTO）具有普通晶闸管的全部优点，如耐压高、电流大等。同时它又是全控型器件，即在门极正脉冲电流触发下导通，在负脉冲电流触发下关断。

1.3.1 可关断晶闸管的结构和工作原理

1. 可关断晶闸管的结构

与普通晶闸管的相同点：PNPN 四层半导体结构，外部引出阳极、阴极和门极；与普通晶闸管的不同点：GTO 是一种多元的功率集成器件，内部包含数十个甚至数百个共阳极的小GTO 元，这些 GTO 元的阴极和门极则在器件内部并联在一起。图 1.18（a）为各单元的阴极、门极间隔排列的图形，图 1.18（b）为并联单元结构断面示意图，图 1.18（c）为 GTO 的图形符号。

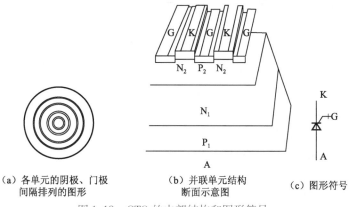

（a）各单元的阴极、门极 间隔排列的图形　　（b）并联单元结构 断面示意图　　（c）图形符号

图 1.18　GTO 的内部结构和图形符号

2. 可关断晶闸管的工作原理

与普通晶闸管一样，可以用图 1.19 所示的双晶体管模型来分析。

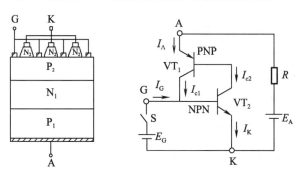

图 1.19　双向晶闸管的结构及其工作原理

由 $P_1N_1P_2$ 和 $N_1P_2N_2$ 构成的两个晶体管 VT_1、VT_2，分别具有共基极电流增益 α_1 和 α_2。$\alpha_1 + \alpha_2 = 1$ 是器件临界导通的条件。当 $\alpha_1 + \alpha_2 > 1$ 时，两个等效晶体管过饱和而使器件导通；当 $\alpha_1 + \alpha_2 < 1$ 时，不能维持饱和导通而关断。

GTO 能够通过门极关断的原因是其与普通晶闸管有如下区别：

（1）设计 α_2 较大，使晶体管 VT_2 控制灵敏，易于 GTO 关断。

（2）导通时，$\alpha_1 + \alpha_2$ 更接近 1（约 1.05，而普通晶闸管则为 $\alpha_1 + \alpha_2 \geqslant 1.15$），导通时饱和

不深，接近临界饱和，有利门极控制关断，但导通时管压降增大。

（3）多元集成结构使 GTO 元阴极面积很小，门极、阴极间距大为缩短，使得 P_2 基区横向电阻很小，能从门极抽出较大电流。

由上述分析可以得到以下结论：

（1）GTO 的导通机理与 SCR 是相同的。GTO 一旦导通之后，门极信号是可以撤除的，但在制作时采用特殊的工艺使 GTO 导通后处于临界饱和，而不像普通晶闸管那样处于深饱和状态，这样可以用门极负脉冲电流破坏临界饱和状态使其关断。

（2）GTO 的关断机理与 SCR 是不同的。门极加负脉冲即从门极抽出电流（即抽取饱和导通时储存的大量载流子），强烈正反馈使器件退出饱和而关断。

1.3.2 可关断晶闸管的基本特性与主要参数

1. GTO 的阳极伏安特性

GTO 的阳极伏安特性与普通晶闸管相似，如图 1.20 所示，外加电压超过正向转折电压 U_{BO} 时，GTO 正向导通，正向导通次数多了就会引起 GTO 的性能变差；但若外加电压超过反向击穿电压 U_{RO}，则发生雪崩击穿，造成元件的永久性损坏。

对 GTO 门极加正向触发电流时，GTO 的正向转折电压随门极正向触发电流的增大而降低。

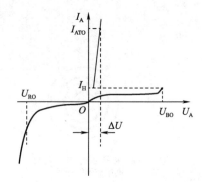

图 1.20　可关断晶闸管的阳极伏安特性

2. GTO 的动态特性

图 1.21 给出了 GTO 导通和关断过程中门极电流 i_G 和阳极电流 i_A 的波形。与普通晶闸管类似，导通过程中需要经过延迟时间 t_d（$i_A < 10\% I_A$）和上升时间 t_r［$i_A = (10\% \sim 90\%) I_A$］。关断过程则有所不同，首先需要经历抽取饱和导通时存储的大量载流子的时间——存储时间 t_s，从而使等效晶体管退出饱和状态；然后则是等效晶体管从饱和区退至放大区，阳极电流逐渐减小的时间——下降时间 t_f；最后还有残存载流子复合所需要的时间——尾部时间 t_t。

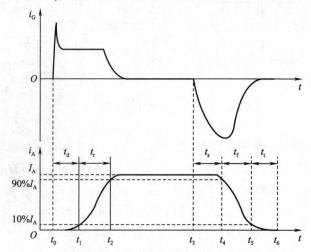

图 1.21　可关断晶闸管的开通与关断过程电流波形

通常 t_f 比 t_s 小得多，而 t_t 比 t_s 要长。门极负脉冲电流的幅值越大，前沿越陡，抽走储存载流子的速度越快，t_s 就越短。若使门极负脉冲的后沿缓慢衰减，在 t_s 阶段仍能保持适当的负电压，则可以缩短尾部时间 t_t。

关断损耗基本集中在下降时间 t_f 内，过大的瞬时功耗会造成 GTO 的损坏，其瞬时功耗与阳极尖峰电压有关。阳极尖峰电压随着阳极可关断电流的增加而增加，过高则可能导致 GTO 失效。阳极尖峰电压的产生是由器件外接保护与缓冲电流的引线电感、二极管正向恢复电压和电容器中的电感造成的，因此应用中要尽量减少缓冲电路的杂散电感。

3. GTO 的主要参数

GTO 的许多参数和普通晶闸管相应的参数意义相同，以下只介绍意义不同的参数。

（1）最大可关断阳极电流 I_{ATO}。GTO 的最大阳极电流受两个方面的限制：一是额定工作结温的限制；二是门极负电流脉冲可以关断的最大阳极电流的限制，这是由 GTO 只能工作在临界饱和导通状态所决定的。阳极电流过大，GTO 便处于较深的饱和导通状态，门极负电流脉冲不可能将其关断。通常将最大可关断阳极电流 I_{ATO} 作为 GTO 的额定电流。应用中，最大可关断阳极电流 I_{ATO} 还与工作频率、门极负电流的波形、工作温度及电路参数等因素有关，它不是一个固定不变的数值。

（2）关断增益 β_{off}。关断增益为最大可关断阳极电流 I_{ATO} 与门极负电流最大值 I_{GM} 之比，其表达式为

$$\beta_{off} = \frac{I_{ATO}}{I_{GM}} \qquad (1.11)$$

β_{off} 比晶体管的电流放大系数 β 小得多，一般只有 5 左右，关断增益 β_{off} 低是 GTO 的一个主要缺点。

（3）阳极尖峰电压 U_p。阳极尖峰电压 U_p 是在下降时间末尾出现的极值电压，它几乎随阳极可关断电流线性增加，U_p 过高可能导致 GTO 失效。U_p 的产生是由缓冲电路中的引线电感、二极管正向恢复电压和电路中的电感造成的。

（4）维持电流 I_H。GTO 的维持电流是指阳极电流减小到开始出现 GTO 元不能再维持导通的数值。

由此可见，当阳极电流略小于维持电流时，仍有部分 GTO 元继续维持导通，这时若阳极电流恢复到较高数值，已截止的 GTO 元不能再导通，就会引起维持导通的 GTO 元的电流密度增加，出现不正常的工作状态。

（5）擎住电流 I_L。擎住电流是指 GTO 经门极触发后，阳极电流上升到保持所有 GTO 元导通的最低值。

由此可见，擎住电流最大的 GTO 元对整个 GTO 的擎住电流影响最大，若该 GTO 元刚达到其擎住电流时，遇到门极正脉冲电流极陡的下降沿，则内部载流子增生的正反馈过程受阻而返回到截止状态，因此必须加宽门极脉冲，使所有的 GTO 元都达到可靠导通。

1.3.3 可关断晶闸管的识别与检测

GTO 主要特点是当门极加负向脉冲时 GTO 能自行关断，GTO 既保留了普通晶闸管的耐压高、电流大等优点，又能自行关断，使用方便，是理想的高电压、大电流开关器件。

下面分别介绍利用万用表判定 GTO 的电极、检查 GTO 的触发能力和关断能力方法。

第 1 章　电力电子器件

1. 判定 GTO 的电极

将模拟万用表拨至 R×1 挡，测量任意两引脚的电阻，当黑表笔接 G 极，红表笔接 K 极时，电阻呈低阻值，其他情况电阻均为无穷大。由此可迅速判定 G、K 极，剩下的是 A 极。

2. 检查 GTO 的触发能力

检查 GTO 的触发能力，如图 1.22 所示。首先将表Ⅰ的黑表笔接 A 极，红表笔接 K 极，电阻无穷大；然后，用黑表笔尖也同时接触 G 极，加上正向触发信号，万用表指针向右偏转到低阻值，GTO 已经导通；最后，脱开 G 极，只要 GTO 维持通态，就说明被测 GTO 具有触发能力。

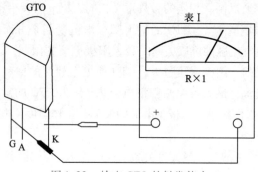

图 1.22 检查 GTO 的触发能力

3. 检查 GTO 的关断能力

现采用双表法检查 GTO 的关断能力，如图 1.23 所示，表Ⅰ的挡位及接法保持不变。将表Ⅱ置于 R×10 挡，红表笔接 G 极，黑表笔接 K 极，施以负向触发信号，如果表Ⅰ的指针向左摆到无穷大位置，证明 GTO 具有关断能力。

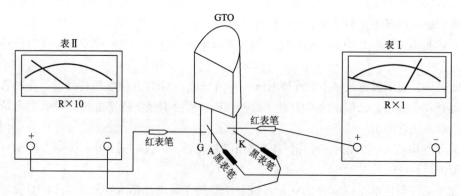

图 1.23 检查可关断晶体管的关断能力

1.4 功率场效应晶体管

功率场效应晶体管（Power MOSFET）是一种单极型的电压控制器件，不但有自关断能力，而且具有驱动功率小、开关速度快、无二次击穿、安全工作区宽等特点，特别适用于高频电力电子装置，如应用于 DC/DC 变换、开关电源、电动机调速等电气设备中。

1.4.1 功率场效应晶体管的结构和工作原理

1. 结构

功率场效应晶体管种类和结构有许多种，按导电沟道可分为 P 型沟道和 N 型沟道，同时又有耗尽型和增强型之分。在电力电子装置中，主要应用 N 型沟道增强型。功率场效应晶体管导电机理与小功率绝缘栅 MOS 管相同，但结构有很大区别。小功率绝缘栅 MOS 管是一次扩散形成的器件，导电沟道平行于芯片表面，横向导电。功率场效应晶体管大多采用垂直导电结构，提高了器件的耐电压和耐电流的能力。按垂直导电结构的不同，又可分为两种：V 形槽 VVMOSFET 和双扩散 VDMOSFET。功率场效应晶体管采用多单元集成结构，一个器件由成千上万个小的 MOSFET 组成。N 型沟道增强型双扩散功率场效应晶体管一个单元的剖面图，如图 1.24（a）所示。图形符号如图 1.24（b）所示。

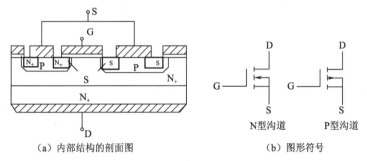

(a) 内部结构的剖面图　　　　　　　(b) 图形符号

图 1.24　N 型沟道增强型双扩散功率场效应晶体管一个单元的剖面图和图形符号

功率场效应晶体管与小功率场效应晶体管原理基本相同，但是为了提高电流容量和耐压能力，在芯片结构上却有很大不同。功率场效应晶体管采用小单元集成结构来提高电流容量和耐压能力，并且采用垂直导电排列来提高耐压能力。

几种功率场效应晶体管的外形如图 1.25 所示。

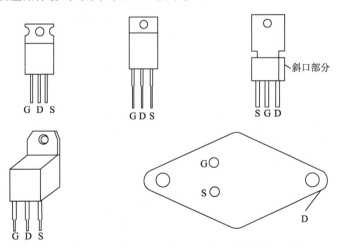

图 1.25　几种功率场效应晶体管的外形

2. 工作原理

功率场效应晶体管有三个端子：漏极（D）、源极（S）和栅极（G）。当漏极接电源正，源极接电源负时，栅极和源极之间电压为0，沟道不导电，功率场效应晶体管处于截止状态。如果在栅极和源极之间加一正向电压 U_{GS}，并且使 U_{GS} 大于或等于功率场效应晶体管的开启电压 U_T，则功率场效应晶体管导通，在漏、源极间流过电流 I_D。U_{GS} 超过 U_T 越大，导电能力越强，漏极电流越大。

1.4.2 功率场效应晶体管的特性和主要参数

Power MOSFET 静态特性主要指输出特性和转移特性，与静态特性对应的主要参数有漏极击穿电压 BU_{DSS}（V）、导通时的漏极电流 I_D（A）和栅极开启电压 $U_{GS(th)}$（V）等。

1. 功率 MOSFET 的基本特性

（1）转移特性。I_D 和 U_{GS} 的关系曲线反映了输入电压和输出电流的关系，称为功率 MOS-FET 的转移特性，如图 1.26（a）所示。从图 1.26（a）中可知，I_D 较大时，I_D 和 U_{GS} 的关系近似线性，曲线的斜率被定义为功率 MOSFET 的跨导，即 $G_{Fs} = dI_D/dU_{GS}$。

（2）输出特性。即漏极的伏安特性，特性曲线如图 1.26（b）所示。由图 1.26（b）所见，输出特性分为截止、饱和与非饱和三个区域。这里饱和、非饱和的概念与电力晶体管（GTR）不同。饱和是指漏极电流 I_D 不随漏源电压 U_{DS} 的增加而增加，也就是基本保持不变；非饱和区内，U_{GS} 一定时，I_D 随 U_{DS} 增加成线性关系变化。

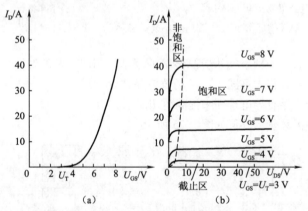

图 1.26　功率 MOSFET 的转移特性和输出特性

（3）动态特性。图 1.27（a）是用来测试功率 MOSFET 开关特性的电路。图 1.27（a）中 u_P 为矩形脉冲电压信号源，波形如图 1.27（b）所示，R_s 为信号源内阻，R_g 为栅极电阻，R_L 漏极负载电阻，R_f 用于检测漏极电流。因为功率 MOSFET 存在输入电容 C_{in}，所以当脉冲电压的前沿到来时，C_{in} 有充电过程，栅极电压 u_{GS} 按指数规律上升，如图 1.27（b）所示。当 u_{GS} 上升到开启电压 u_T 时，开始出现漏极电流 i_D。从 u_P 的前沿时刻到 $u_{GS} = u_T$ 的时刻，这段时间称为开通延迟时间 $t_{d(on)}$。此后，i_D 随 u_{GS} 的上升而上升。u_{GS} 从开启电压上升到功率 MOSFET 进入非饱和区的栅压 u_{GSP} 这段时间称为上升时间 t_r，这时相当于大功率晶体管的临界饱和，漏极电流 i_D 也达到稳态值。i_D 的稳态值由漏极电压和漏极负载电阻所决定，u_{GSP} 的大小和 i_D 的稳态值有关。u_{GS} 的值达 u_{GSP} 后，在脉冲信号源 u_P 的作用下继续升高直至到达稳态值，但 i_D 已不再变化，相当于功率 MOSFET 处于饱和状态。功率 MOSFET 的开通时间 t_{on} 为开通延迟时间 $t_{\text{d(on)}}$ 与上升时间 t_{r} 之和，即

$$t_{\text{on}} = t_{\text{d(on)}} + t_{\text{r}}$$

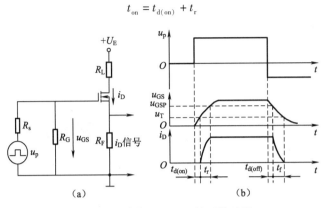

图 1.27　功率 MOSFET 的开关过程

当脉冲电压 u_{p} 下降到零时，栅极输入电容 C_{in} 通过信号源内阻 R_{s} 和栅极电阻 R_{G}（$\geqslant R_{\text{s}}$）开始放电，栅极电压 u_{GS} 按指数规律下降，当下降到 u_{GSP} 时，漏极电流 i_{D} 才开始减小，这段时间称为关断延迟时间 $t_{\text{d(off)}}$。此后，C_{in} 继续放电，u_{GS} 从 u_{GSP} 继续下降，i_{D} 减小，到 u_{GS} 小于 u_{T} 时沟道消失，i_{D} 下降到零，这段时间称为下降时间 t_{f}。关断延迟时间 $t_{\text{d(off)}}$ 和下降时间 t_{f} 之和称为关断时间 t_{off}，即

$$t_{\text{off}} = t_{\text{d(off)}} + t_{\text{f}}$$

从上面的分析可以看出，功率 MOSFET 的开关速度和其输入电容的充放电有很大关系。使用者虽然无法降低其 C_{in} 的值，但可以降低栅极驱动回路信号源内阻 R_{s} 的值，从而减小栅极回路的充放电时间常数，加快开关速度。功率 MOSFET 的工作频率可达 100 kHz 或更高。

功率 MOSFET 是场控型器件，在静态时几乎不需要输入电流。但是在开关过程中需要对输入电容充放电，仍需要一定的驱动功率。开关频率越高，所需要的驱动功率越大。

2. 功率 MOSFET 的主要参数

（1）漏极电压 U_{DS}。它就是功率 MOSFET 的额定电压，选用时必须留有较大的安全裕量。

（2）漏极最大允许电流 I_{DM}。它就是功率 MOSFET 的额定电流，其大小主要受功率 MOSFET 的温升限制。

（3）栅源电压 U_{GS}。栅极与源极之间的绝缘层很薄，承受电压很低，一般不得超过 20 V，否则绝缘层可能被击穿而损坏，使用中应加以注意。

总之，为了安全可靠，在选用功率 MOSFET 时，对电压、电流的额定等级都应留有较大裕量。

1.4.3　功率场效应晶体管的识别与检测

功率 MOSFET 在电路中常用字母"V"或"VT"加数字表示，如 VT_1 表示编号为 1 的功率 MOSFET。常用功率 MOSFET 的图形符号与引脚排列如图 1.28 所示。

与普通晶体管一样，功率 MOSFET 也有三个引脚，分别是门极（又称"栅极"）、源极、漏极三个端子。功率 MOSFET 可以看作是一只普通晶体管，栅极对应基极，漏极对应集电极，源极对应发射极；N 型沟道对应 NPN 型晶体管，P 型沟道对应 PNP 型晶体管。

功率 MOSFET 引脚排列位置依其品牌、型号及功能等不同而异。要正确使用功率 MOS-

FET，首先必须识别出功率 MOSFET 的各个电极。对于大功率 MOSFET 来说，从左至右，其引脚排列一般为 G、D、S（散热片接 D 极）；采用绝缘底板模块封装的特种功率 MOSFET 通常有四个引脚，上面的两个通常为 S 极（相连），下面的两个分别为 G 极、D 极；采用贴片封装的场效应晶体管，其散热片是 D 极，下面的三个引脚（无论中间是否被剪短）分别是 G 极、D 极、S 极，如图 1.28 所示。

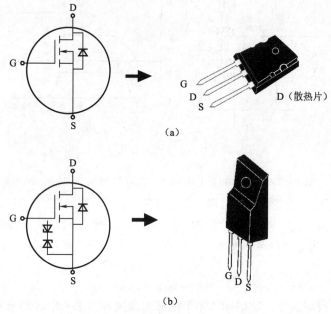

图 1.28　常用功率 MOSFET 的图形符号与引脚排列

绝缘栅场效应晶体管在其栅极 G 与其他两极（D 极和 S 极）之间直接加了一层二氧化硅（SiO_2）绝缘层，极大提高了绝缘栅场效应（晶体管）的输入电阻。由于 MOSFET 的输入电阻高，在检测过程中极易产生过高的感应电压而损坏或被击穿。绝不可用手直接触摸 MOSFET 的栅极。

绝缘栅场效应晶体管引脚的判别方法：从底部看，找出其引脚标志，按逆时针方向依次是 D、S、G 或 D、S、G_1、G_2（双栅管）。

（1）功率 MOSFET（PNP 型）电极判别。对于内部无保护二极管的功率 MOSFET，可通过测量极间电阻的方法确定栅极，将万用表置于 R×1k 挡，分别测试三个引脚的阻值。若测得其中一个引脚与另外两个脚的阻值为无穷大，则可判断此引脚为栅极（因为栅极绝缘，故阻值很大），如图 1.29 所示。

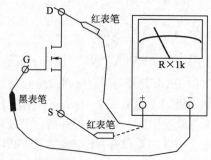

图 1.29　判别功率 MOSFET G 极的方法

（2）G 极确定后，然后再确定 S 极和 D 极。将万用表置于 R×1k 挡，先将被测管三个引脚短接一下，接着以交换表笔的方法测两次电阻，在正常情况下，两次所测电阻必定一大一小，其中阻值较小的一次测量中，黑表笔所接的为源极，红表笔所接的为漏极，如图 1.30 所示。

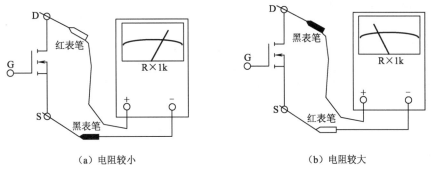

（a）电阻较小   （b）电阻较大

图 1.30　判别功率 MOSFET S 极和 D 极的方法

1.5　绝缘栅双极晶体管

绝缘栅双极型晶体管（IGBT）是由 MOSFET 和双极型晶体管复合而成的一种器件，其输入级为 MOSFET，输出级为 PNP 型晶体管，因此，可以把其看作是 MOS 输入的达林顿管。它融和了这两种器件的优点，既具有 MOSFET 器件驱动简单和快速的优点，又具有双极型器件容量大的优点，广泛应用在电动机控制、中频开关电源和逆变器、机器人、空调器，以及要求快速、低损耗的许多领域。

IGBT 于 1982 年研制，第一代于 1985 年生产，主要特点是低损耗，导通压降为 3 V，下降时间为 0.5 μs，耐压为 500～600 V，电流为 25 A；第二代于 1989 年生产，有高速开关型和低通态压降型，容量为 400 A/500～1 400 V，工作频率达 20 kHz。

目前第三代正在发展，仍然分为两个方向，一是追求损耗更低和速度更高；另一方向是发展更大容量，采用平板压接工艺，容量达 1 000 A/4 500 V。命名为 IECT（Injection Enhanced Gate Transistor）。

在中大功率的开关电源装置中，IGBT 由于其控制驱动电路简单、工作频率较高、容量较大的特点，已逐步取代晶闸管或 GTO。但是在开关电源装置中，由于它工作在高频与高电压、大电流的条件下，使得它容易损坏，另外，电源作为系统的前级，由于受电网波动、雷击等原因的影响使得它所承受的应力更大，故 IGBT 的可靠性直接关系到电源的可靠性。因而，在选择 IGBT 时除了要作降额考虑外，对 IGBT 的保护设计也是电源设计时需要重点考虑的一个环节。

1.5.1　绝缘栅双极晶体管的结构和工作原理

1. 结构

IGBT 是在 VMOS 的基础上发展起来的，两者结构十分类似，不同之处是 IGBT 多了一层 P_+ 层发射极，从而多了一个大面积的 P_+N 结（J_1）。IGBT 也有 N 型沟道和 P 型沟道之分。IGBT 每个器件单元实际上就是 MOSFET 和双极型晶体管的组合。

图 1.31（a）为 N 型沟道 VDMOSFET 与 GTR 组合——N 型沟道 IGBT。N_+ 区称为源区，

附于其上的电极称为源极，P_+区称为漏区。器件的控制区为栅区，附于其上的电极称为栅极。沟道在紧靠栅区边界形成。在漏极、源极之间的P型区（包括P_+和P_-区，沟道在该区域形成），称为亚沟道区（Subchannel Region）。而在漏区另一侧的P_+区称为漏注入区（Drain Injector），它是IGBT特有的功能区，与漏区和亚沟道区一起形成PNP型双极晶体管，起发射极的作用，向漏极注入空穴，进行导电调制，以降低器件的通态电压。附于漏注入区上的电极称为漏极。

IGBT比VDMOSFET多一层P_+注入区，具有很强的通流能力。简化等效电路表明，IGBT是GTR与MOSFET组成的达林顿结构，一个由MOSFET驱动的厚基区PNP型晶体管。N型沟道VDMOSFET与GTR组合——N型沟道IGBT，R_n为晶体管基区内的调制电阻。

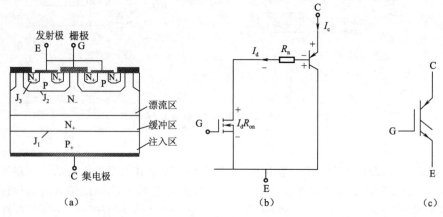

图1.31　N沟道IGBT及电气符号

2. 工作原理

IGBT导通过程：当N型沟道的IGBT处在正向阻断模式时，通过栅极-发射极间施加阈值电压U_{TH}以上的（正）电压，在栅极电极正下方的P层上形成反型层（沟道），发射极电极下的N_-层电子开始注入沟道，该电子为PNP型晶体管的少数载流子，若此时集电极与发射极电压在0.7 V以上，从集电极衬底P_+层开始流入空穴，进行电导率调制（双极工作），所以可以使集电极-发射极间饱和电压降低。基片的应用在管体的P_+衬底和N_-漂移区之间创建了一个J_1结。当正栅极偏压使栅极下面N_-层反演为P基时，形成N型沟道，同时形成电子流，并完全按照功率MOSFET的方式产生一股电流。J_1将处于正向偏压，一些空穴注入N_-区内，并调整阴阳极之间的电阻率，这种方式降低了功率导通的总损耗，并启动了第二个电荷流。最后的结果是，在半导体层次内临时出现两种不同的电流拓扑：一个电子流（MOSFET电流）；空穴电流（双极）。U_{GE}大于开启电压$U_{GE(th)}$时，MOSFET内形成沟道，为晶体管提供基极电流，IGBT导通。电导调制效应使电阻R_n减小，使通态压降小。

IGBT关断过程：栅极-发射极间施加反压或不加信号时，MOSFET内的沟道消失，晶体管的基极电流被切断，IGBT关断。当在栅极施加一个负偏压或栅压低于门限值时，反型层无法维持，沟道被禁止，供应到N_-漂移区的电子流被阻断，没有空穴注入N_-区内，关断过程开始，但是关断不能迅速完成。MOSFET电流在开关阶段迅速下降，集电极电流则逐渐降低，这是因为正向传导过程中的N_-漂移区被注入少数空穴载流子。换向开始后，由于沟道电子流的中止，集电极的电流急剧降低，然后在N_-层内还存在少数的载流子（少子）进行复合，集电极电流再逐渐降低。这种拖尾电流的降低，完全取决于关断时电荷的密度，而密度又与掺杂杂质的数量、拓扑、层次厚度和温度有关。少子的衰减使集电极电流具有特征尾流波形，会引起以下问题：功耗升高；交叉导通问题，特别是在使用续流二极管的设备上，问题更加明显。

1.5.3 绝缘栅双极晶体管的基本特性及主要参数

1. 静态特性

IGBT 的静态特性主要有伏安特性、转移特性和开关特性。

（1）IGBT 的伏安特性：伏安特性即输出特性，是指以栅–源电压 U_{GS} 为参变量时，集电极电流与栅极电压之间的关系曲线，如图 1.32（a）所示，分为饱和区、有源区和正向阻断区三部分。伏安特性与 GTR 基本相似，不同之处是，控制参数是栅–射电压 U_{GE}，而不是基极电流。输出电流由栅–射电压控制，栅–射电压 U_{GE} 越大，输出电流 I_C 越大。

在正向导通的大部分区域内，I_C 与 U_{CE} 成线性关系，此时 IGBT 工作于有源区，在伏安特性明显弯曲部分，I_C 与 U_{CE} 成非线性关系，此时 IGBT 多工作在饱和区或正向阻断区。截止状态下的 IGBT，正向电压由 J_2 结承担，反向电压由 J_1 结承担。如果无 N_+ 缓冲区，则正反向阻断电压可以做到同样水平，加入 N_+ 缓冲区后，反向阻断电压只能达到几十伏水平，因此限制了 IGBT 的某些应用范围。

（2）IGBT 的转移特性是指输出集电极电流 I_C 与栅–射电压 U_{GE} 之间的关系曲线，如图 1.32（b）所示。它与 MOSFET 的转移特性相同，当栅–射电压小于开启电压 $U_{GE(th)}$ 时，IG-BT 处于关断状态。在 IGBT 导通后的大部分集电极电流范围内，I_C 与 U_{GE} 成线性关系。最高栅–射电压受最大集电极电流限制，其最佳值一般取为 15 V 左右。

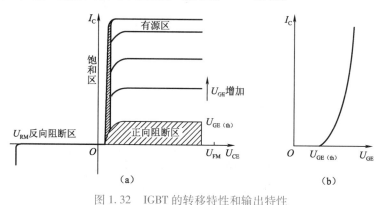

图 1.32　IGBT 的转移特性和输出特性

（3）IGBT 的开关特性是指集电极电流与集电极–射极电压之间的关系。IGBT 处于导通态时，由于它的 PNP 型晶体管为宽基区晶体管，所以以 β 值极低。尽管等效电路为达林顿结构，但流过 MOSFET 的电流成为 IGBT 总电流的主要部分。此时，通态电压 $U_{ds(on)}$ 可用式（1.12）表示：

$$U_{CE(on)} = U_{j1} + U_{dr} + I_C R_{oh} \tag{1.12}$$

式中：U_{j1}——J_1 结的正向电压，其值为 $0.7 \sim 1$ V；

　　　U_{dr}——扩展电阻 R_{dr} 上的压降；

　　　R_{oh}——沟道电阻。

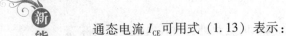

通态电流 I_{CE} 可用式（1.13）表示：

$$I_{CE} = (1 + \beta_{PNP}) I_{MOS} \tag{1.13}$$

式中：I_{MOS}——流过 MOSFET 的电流。

由于 N_+ 区存在电导调制效应，所以 IGBT 的通态压降小，耐压 1 000 V 的 IGBT 通态压降为 2 ~ 3 V。IGBT 处于断态时，只有很小的泄漏电流存在。

2. 动态特性

IGBT 的开通过程与 MOSFET 相似，这是因为 IGBT 在开通过程中大部分时间是作为功率 MOSFET 运行的，开通时间由四部分组成：一段是从外施栅极脉冲由负到正跳变开始，当栅极-发射极电压充电到时，所经历的时间为开通延迟时间，从图 1.33 可知，这段时间也就是 $t_{d(on)}$。另一段是集电极电流从 10% 开始，上升到 90% 稳态值的时间，称为电流上升时间，因此，开通时间由开通延迟时间与电流上升时间两部分构成，即 $t_{on} = t_{d(on)} + t_r$。在这两段时间内，集电极-发射极间电压基本不变。开通时，集电极-发射极电压开始下降，其下降过程分为 t_{fi1} 和 t_{fi2} 两个时间段。t_{fi1} 是 MOSFET 单独工作时集电极-发射极电压下降时间，t_{fi2} 是功率 MOSFET 和 PNP 型晶体管同时工作时集电极-发射极电压下降时间，由于下降时，IGBT 中的功率 MOSFET 栅极-漏极间电容增加，而且 IGBT 中的 PNP 型晶体管由放大状态转入饱和状态也需要一个过程，因此电压下降过程变缓。只有在 t_{fi2} 段结束时，IGBT 才完全进入饱和状态。

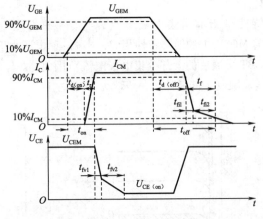

图 1.33　IGBT 的开通过程

欲使 IGBT 关断，给栅极施加反向脉冲电压，在此反向脉冲电压作用下，内部等效 MOS-FET 输入电容放电，内部等效 GTR 仍然导通，此时集电极电流、电压无明显变化。随着时间推移，功率 MOSFET 开始退出饱和，器件电压随之上升，PNP 型晶体管集电极电流无明显变化。当 U_{CE} 上升到接近 U_{CM}，之后，功率 MOSFET 退出饱和，PNP 型晶体管基极电流下降，集电极电流减小，从栅极电压 U_{GE} 的脉冲后沿下降到其幅值的 90% 时刻起，到集电极电流下降至 90% I_{CM} 止，这段时间为关断延迟时间 $t_{d(off)}$。此后，U_{GE} 继续衰减，当 U_{GE} 下降到 U_T 时，功率 MOSFET 关断，PNP 型晶体管基极电流为零，集电极电流下降到接近于零。集电极电流从 90% I_{CM} 降至 10% I_{CM} 的这段时间为电流下降时间 t_{fi1}。由于晶体管内部存储电荷的消除还需要一定时间，t_{fi1} 后还有一个尾部时间 t_{fi2}，这段时间内，由于集电极-发射极电压已经建立，会产生较大的损耗。因此，关断时间 $t_{off} = t_{d(off)} + t_{fi1} + t_{fi2}$。IGBT 内部由于 PNP 型晶体管的存在，带来了通流能力增大、器件耐压提高、器件通态压降降低等好处，但由于少子储存现象的出现，使得 IGBT 的开关速度比功率 MOSFET 的速度要低。

3. 绝缘栅双极晶体管的主要技术参数

（1）最大集射极间电压 U_{CES}。栅极驱动电压 U_{CE} 施加在栅极与发射极之间的最高工作电压。由内部 PNP 型晶体管的击穿电压确定，具有正温度系数，其值大约为 24 V/℃，即在室温（25℃）时，击穿电压为 600 V。在变频器应用电路中，使 IGBT 饱和导通的 U_{CE} 为 12 ~ 20 V，而当 IGBT 截止时，U_{CE} 为 −15 ~ +5 V。

（2）最大集电极电流 I_{CM}。集电极最大允许电流是 IGBT 在饱和导通状态下，允许持续通过的最大电流，包括额定直流电流 I_C 和 1ms 脉宽最大电流 I_{CP}。

（3）最大集电极功耗 P_{CM}。IGBT 正常工作温度下允许的最大功耗。

1.5.2 绝缘栅双极晶体管的识别与检测

常见的绝缘双极晶体管外形如图 1.34 所示，绝缘栅双极晶体管有三个电极：栅极（G）、集电极（C）、发射极（E）。

图 1.34 IGBT 的实物图

以 N 型沟道场效应晶体管为例，如图 1.35 所示，首先将万用表拨置 R × 10k 挡，按照以下四步来进行测量。

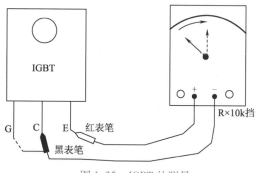

图 1.35 IGBT 的测量

第一步：黑表笔接 G 极；红表笔接 E 极，此时的阻值应为无穷大。

第二步：黑表笔接 C 极；红表笔接 E 极，此时的阻值应为 0 Ω。

第三步：保持第二步不动，用镊子等金属物短接 G 极和 E 极引脚，阻值应该由 0 Ω 跳变为无穷大。

第四步：在第三步的基础上，移走镊子，阻值应保持无穷大不变。P 型沟道的 IGBT 要对调表笔进行测量。

1.6 电力电子器件型号命名

1.6.1 半导体分立器件型号的命名方法

1. 我国半导体分立器件型号的命名方法

国产半导体分立器件型号的命名方法见表 1.1。

表 1.1 国产半导体分立器件的命名方法

第一部分		第二部分		第三部分				第四部分	第五部分
用数字表示器件电极的数目		用汉语拼音字母表示器件的材料和极性		用汉语拼音字母表示器件的类型				用数字表示器件序号	用汉语拼音表示规格的区别代号
符号	意义	符号	意义	符号	意义	符号	意义		
2	二极管	A	N 型，锗材料	P	普通管	D	低频大功率管 $(f_\alpha < 3\text{MHz}, P_C \geq 1\text{W})$		
		B	P 型，锗材料	V	微波管				
		C	N 型，硅材料	W	稳压管	A	高频大功率管 $(f_\alpha \geq 3\text{MHz}, P_C \geq 1\text{W})$		
		D	P 型，硅材料	C	参量管				
				Z	整流管				
3	三极管	A	PNP 型，锗材料	L	整流堆	T	半导体闸流管（晶闸管整流器）		
		B	NPN 型，锗材料	S	隧道管				
		C	PNP 型，硅材料	N	阻尼管	Y	体效应器件		
		D	NPN 型，硅材料	U	光电器件	B	雪崩管		
		E	化合物材料	K	开关管	J	阶跃恢复管		
				X	低频小功率管 $(f_\alpha < 3\text{MHz}, P_C < 1\text{W})$	CS	场效应器件		
						BT	半导体特殊器件		
				C	高频小功率管 $(f_\alpha < 3\text{MHz}, P_C < 1\text{W})$	FH	复合管		
						PIN	PIN 型管		
						JG	激光器件		

例：

（1）锗材料 PNP 型低频大功率三极管：

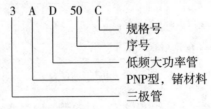

（2）硅材料 NPN 型高频小功率三极管：

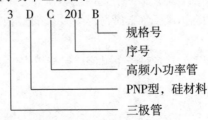

（3）N型硅材料稳压二极管：

（4）单结晶体管：

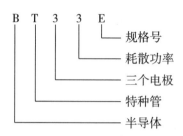

单结晶体管型号命名与二极管、三极管有所不同，单结晶体管型号命名由四部分组成，第一部分表示制作材料，用字母"B"表示半导体，即"半"字第一个汉语拼音字母；第二部分表示种类，用字母"T"表示特种管，即"特"字第一个汉语拼音字母；第三部分表示电极数目，用数字"3"表示有三个电极；第四部分表示单结晶体管的耗散功率，通常只标出第一位有效数字，耗散功率的单位为 mW。

2. 国际电子联合会半导体器件型号的命名方法

国际电子联合会半导体器件型号的命名方法见表 1.2。

表 1.2　国际电子联合会半导体器件型号命名方法

第一部分		第二部分				第三部分		第四部分	
用字母表示使用的材料		用字母表示类型及主要特性				用数字或字母加数字表示登记号		用字母对同一型号者分挡	
符号	意义	符号	意义	符号	意义	符号	意义	符号	意义
A	锗材料	A	检波、开关和混频二极管	M	封闭磁路中的霍尔元件	三位数字	通用半导体器件的登记序号（同一类型器件使用同一登记号）	A B C D E …	同一型号器件按某一参数进行分挡的标志
		B	变容二极管	P	光敏元件				
B	硅材料	C	低频小功率三极管	Q	发光器件				
		D	低频大功率三极管	R	小功率晶闸管				
C	砷化镓	E	隧道二极管	S	小功率开关管	一个字母加两位数字	专用半导体器件的登记序号（同一类型器件使用同一登记号）		
		F	高频小功率三极管	T	大功率晶闸管				
D	锑化铟	G	复合器件及其他器件	U	大功率开关管				
		H	磁敏二极管	X	倍增二极管				
R	复合材料	K	开放磁路中的霍尔元件	Y	整流二极管				
		L	高频大功率三极管	Z	稳压二极管，即齐纳二极管				

例（命名）：

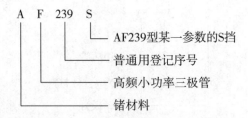

国际电子联合会半导体器件型号命名方法的特点：

（1）这种命名方法被欧洲许多国家采用。因此，凡型号以两个字母开头，并且第一个字母是 A，B，C，D 或 R 的三极管，大都是欧洲制造的产品，或是按欧洲某一厂家专利生产的产品。

（2）第一个字母表示材料（A 表示锗材料，B 表示硅材料），但不表示极性（NPN 型或PNP 型）。

（3）第二个字母表示器件的类别和主要特点。如 C 表示低频小功率三极管，D 表示低频大功率三极管，F 表示高频小功率三极管，L 表示高频大功率三极管等等。若记住了这些字母的意义，不查手册也可以判断出类别。例如，BL49 型，一见便知是硅大功率专用三极管。

（4）第三部分表示登记顺序号。三位数字者为通用品；一个字母加两位数字者为专用品。顺序号相邻的两个型号的器件的特性可能相差很大。例如，AC184 为 PNP 型，而 AC185 则为NPN 型。

（5）第四部分字母表示同一型号的某一参数（如 h_{FE} 或 N_F）进行分挡。

（6）型号中的符号均不反映器件的极性（NPN 型或 PNP 型）。极性的确定需要查阅手册或测量。

3. 美国半导体器件型号命名方法

美国晶体管或其他半导体器件的型号命名方法较混乱。这里介绍的是美国晶体管标准型号命名方法，即美国电子工业协会（EIA）规定的晶体管分立器件型号的命名方法，如表 1.3 所示。

表 1.3　美国电子工业协会半导体器件型号命名方法

第一部分		第二部分		第三部分		第四部分		第五部分	
用符号表示用途的类型		用数字表示PN 结的数目		美国电子工业协会（EIA）注册标志		美国电子工业协会（EIA）登记顺序号		用字母表示器件分挡	
符号	意义	符号	意义	符号	意义	符号	意义	符号	意义
JAN 或 J	军用品	1	二极管	N	该器件已在美国电子工业协会注册登记	多位数字	该器件在美国电子工业协会登记的顺序号	A B C D …	同一型号的不同挡别
		2	三极管						
无	非军用品	3	三个 PN 结器件						
		n	n 个 PN 结器件						

例：

（1）JAN2N2904：

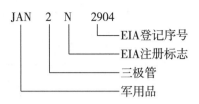

（2）1N4001：

美国半导体器件型号命名方法的特点：

（1）型号命名方法规定较早，又未做过改进，型号内容很不完备。例如，对于材料、极性、主要特性和类型，在型号中不能反映出来。例如，2N开头的既可能是一般晶体管，也可能是场效应晶体管。因此，仍有一些厂家按自己规定的型号命名方法命名。

（2）组成型号的第一部分是前缀，第五部分是后缀，中间的三部分为型号的基本部分。

（3）除去前缀以外，凡型号以1N、2N或3N……开头的晶体管分立器件，大都是美国制造的，或按美国专利在其他国家制造的产品。

（4）第四部分数字只表示登记序号，而不含其他意义。因此，序号相邻的两器件可能特性相差很大。例如，2N3464为硅NPN，高频大功率管，而2N3465为N型沟道场效应晶体管。

（5）不同厂家生产的性能基本一致的器件，都使用同一个登记号。同一型号中某些参数的差异常用后缀字母表示。因此，型号相同的器件可以通用。

（6）登记序号数大的通常是近期产品。

4. 日本半导体器件型号命名方法

日本半导体器件（包括晶体管）或其他国家按日本专利生产的这类器件，都是按日本工业标准（JIS）规定的命名方法（JIS－C－702）命名的。

日本半导体器件的型号，由五至七部分组成，通常只用到前五部分。前五部分符号及意义如表1.4所示。第六、七部分的符号及意义通常是各公司自行规定的。

第六部分的符号表示特殊的用途及特性，其常用的符号有：

M 为松下公司用来表示该器件符合日本防卫厅海上自卫队参谋部有关标准登记的产品。

N 为松下公司用来表示该器件符合日本广播协会（NHK）有关标准的登记产品。

Z 为松下公司用来表示专为通信用的可靠性高的器件。

H 为日立公司用来表示专为通信用的可靠性高的器件。

K 为日立公司用来表示专为通信用的塑料外壳的可靠性高的器件。

T 为日立公司用来表示收发报机用的推荐产品。

G 为东芝公司用来表示专为通信用的设备制造的器件。

S 为三洋公司用来表示专为通信设备制造的器件。

第七部分的符号，常被用来作为器件某个参数的分档标志。例如，三菱公司常用R，G，Y等字母；日立公司常用A，B，C，D等字母，作为直流放大系数h_{FE}的分档标志。

第
1
章
电
力
电
子
器
件

表 1.4　日本半导体器件型号命名方法

第一部分		第二部分		第三部分		第四部分		第五部分	
用数字表示类型或有效电极数		S 表示日本电子工业协会（EIAJ）的注册产品		用字母表示器件的极性及类型		用数字表示在日本电子工业协会登记的顺序号		用字母表示对原来型号的改进产品	
符号	意义	符号	意义	符号	意义	符号	意义	符号	意义
0	光电（即光敏）二极管、三极管及其组合管	S	表示已在日本电子工业协会（EIAJ）注册登记的半导体分立器件	A	PNP 型高频三极管	四位以上的数字	从 11 开始，表示在日本电子工业协会注册登记的顺序号，不同公司性能相同的器件可以使用同一顺序号，其数字越大越是近期产品	A B C D E F …	用字母表示对原来型号的改进产品
				B	PNP 型低频三极管				
				C	NPN 型高频三极管				
				D	NPN 型低频三极管				
1	二极管			F	P 门极晶闸管				
				G	N 门极晶闸管				
2	三极管，具有两个以上 PN 结的其他晶体管			H	N 基极单结晶体管				
				J	P 型沟道场效应晶体管				
				K	N 型沟道场效应晶体管				
				M	双向晶闸管				
3	具有四个有效电极或具有三个 PN 结的晶体管								
…	…								
n − 1	具有 n 个有效电极或具有 n − 1 个 PN 结的晶体管								

例：

（1）2SC502A（日本收音机中常用的高频放大管）：

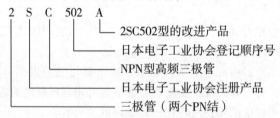

（2）2SA495（日本夏普公司 GF - 9494 收录机用小功率管）：

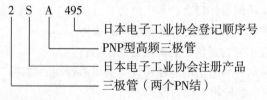

日本半导体器件型号命名方法有的特点：

（1）型号中的第一部分是数字，表示器件的类型和有效电极数。例如，用"1"表示二极管，用"2"表示三极管。而屏蔽用的接地电极不是有效电极。

（2）第二部分均为字母 S，表示日本电子工业协会注册产品，而不表示材料和极性。

（3）第三部分表示极性和类型。例如，用 A 表示 PNP 型高频三极管，用 J 表示 P 型沟道场效应晶体管。但是，第三部分既不表示材料，也不表示功率的大小。

（4）第四部分只表示在日本工业协会（EIAJ）注册登记的顺序号，并不反映器件的性能，顺序号相邻的两个器件的某一性能可能相差很大。例如，2SC2680 型的最大额定耗散功率为 200 mW，而 2SC2681 型的最大额定耗散功率为 100 W。但是，登记顺序号能反映产品时间的先后。登记顺序号的数字越大，越是近期产品。

（5）第六、七两部分的符号和意义各公司不完全相同。

（6）日本有些半导体分立器件的外壳上标记的型号，常采用简化标记的方法，即把 2S 省略。例如，2SD764 简化为 D764，2SC502A 简化为 C502A。

（7）在低频三极管（2SB 和 2SD 型）中，也有工作频率很高的三极管。例如，2SD355 的特征频率为 100 MHz，所以，它们也可当高频三极管用。

（8）日本通常把 $P_{CM} \geqslant 1W$ 的三极管，称为大功率三极管。

1.6.2　电力电子器件型号命名特征

1. 可关断晶闸管型号命名

国产晶闸管的型号命名主要由四部分组成，各部分的组成如图 1.36 所示，各部分的含义如表 1.5 所示。

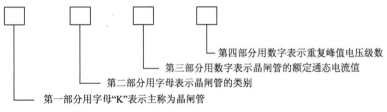

第四部分用数字表示重复峰值电压级数
第三部分用数字表示晶闸管的额定通态电流值
第二部分用字母表示晶闸管的类别
第一部分用字母"K"表示主称为晶闸管

图 1.36　国产晶闸管的型号命名

表 1.5　国产晶闸管的型号命名符号含义

第一部分：主称		第二部分：类别		第三部分：额定通态电流		第四部分：重复峰值电压级数	
字母	含义	字母	含义	数字	含义	数字	含义
K	晶闸管（可控硅）	P	普通反向阻断型	1	1 A	1	100 V
				5	5 A	2	200 V
				10	10 A	3	300 V
				20	20 A	4	400 V
		K	快速反向阻断型	30	30 A	5	500 V
				50	50 A	6	600 V
				100	100 A	7	700 V
				200	200 A	8	800 V
		S	双向型	300	300 A	9	900 V
				400	400 A	10	1 000 V
				500	500 A	12	1 200 V
						14	1 400 V

可关断晶闸管型号命名方法与普通晶闸管型号命名方法基本一致，如图1.37、图1.38所示。

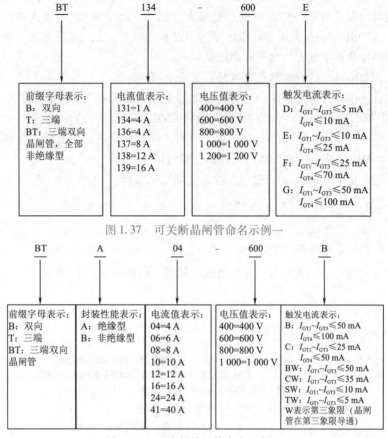

图1.37 可关断晶闸管命名示例一

图1.38 可关断晶闸管命名示例二

2. 电力场效应晶体管型号命名

现行场效应晶体管有两种命名方法：第一种命名方法与双极型三极管相同。第一位为数字"3"表示电极数为3。第二位字母代表材料：D是P型硅，反型层是N型沟道；C是N型硅，反型层是P型沟道。第三位字母表示种类：J字母代表结型场效应晶体管；O代表绝缘栅场效应晶体管。例如：3DJ6D是结型N型沟道场效应三极管；3D06C是绝缘栅型N型沟道场效应晶体管。第二种命名方法是CS××#；CS代表场效应晶体管，××以数字代表型号的序号，#用字母代表同一型号中的不同规格。例如：CS14A、CS45G等。

3. 绝缘栅双极晶体管型号命名

目前，绝缘栅双极晶体管主要由AIRCHILD（美国仙童）、INFINEON（德国英飞凌）、TOSHIBA（日本东芝）等几家国外公司生产，各公司对绝缘栅双极晶体管的型号命名方法不尽相同，但大致有以下规律：

（1）型号前半部分数字表示该管的最大工作电流，如：G40××××、20N××××就分别表示其最大工作电流为40 A、20 A。

（2）型号后半部分数字表示该管的最高耐压值，如：G×××150××、××N120x××就分别表示最高耐压值为 1.5 kV、1.2 kV。

（3）型号后缀字母含 D 则表示该管内含阻尼二极管。但未标 D 的，并不一定是无阻尼二极管，因此在检修时一定要用万用表检测验证，避免出现不应有的损失。

练　　习

1. 晶闸管触发导通后，取消门极上的触发信号还能保持导通吗？已导通的晶闸管在什么情况下才会自动关断？

2. 双向晶闸管的导通特点与单向晶闸管的导通特点有什么不同？

3. GTO 和普通晶闸管同为 PNPN 结构，为什么 GTO 能够自关断，而普通晶闸管不能？

4. 功率 MOSFET 具有怎样的结构特点才具有耐受高电压和大电流的能力？

5. 试分析 IGBT 和功率 MOSFET 在内部结构和开关特性上的相似与不同之处。

第2章

➡ 电力电子器件驱动与保护电路分析

电力电子器件从其工作特性来看，多为电压控制型大电流功率器件，因此，还需要设计必要的辅助电路来驱动，并保护其工作的稳定性和安全性。本章主要分析常见的功率驱动电路、过电压保护电路、过电流保护电路工作过程。

2.1 晶闸管触发电路

晶闸管由阻断转为导通，除在阳极和阴极间加正向电压外，还须在门极和阴极间加合适的正向触发电压。提供正向触发电压的电路称为触发电路。触发电路性能的好坏直接影响晶闸管电路工作的可靠性，也影响了系统的控制精度，正确设计与选择触发电路是保证晶闸管装置正常运行的关键。

2.1.1 触发电路概述

触发电路的种类很多，各种触发电路的工作方式不同，对触发电路通常有如下要求：

（1）触发信号常采用脉冲形式。晶闸管在触发导通后门极就失去了控制作用，虽然触发信号可以是交流、直流或脉冲形式，但为减少门极的损耗，所以触发信号常采用脉冲形式。

（2）触发脉冲要有足够的功率。为了使晶闸管可靠地被触发导通，触发脉冲的电压和电流数值必须大于门极触发电压和门极触发电流，即具有足够的功率。但不允许超过规定的门极最大允许峰值，以防止晶闸管的门极损坏。

（3）触发脉冲要具有一定的宽度，前沿要陡。同系列晶闸管的触发电压不尽相同，如果触发脉冲不陡，就会造成晶闸管不能被同时触发导通，使整流输出电压不对称。触发脉冲应具有一定的宽度，以保证触发脉冲消失前阳极电流已经大于擎住电流，使器件可靠导通。表2.1中列出了不同可控整流电路、不同性质的负载常采用的触发脉冲宽度。

表2.1 不同可控整流电路、不同性质的负载常采用的触发脉冲宽度

可控整流电路形式	单相可控整流电路		三相半波可控整流电路		三相全控桥可控整流电路	
	电阻性负载	电感性负载	电阻性负载	电感性负载	单宽脉冲	双窄脉冲
触发脉冲宽度	>1.8° (10 μs)	10°~20° (50~100 μs)	>1.8° (10 μs)	10°~20° (50~100 μs)	70°~80° (350~400 μs)	10°~20° (50~100 μs)

（4）触发脉冲与晶闸管阳极电压必须同步。两者频率应该相同，而且要有固定的相位关系，使每一周期都能在相同的相位上触发。

（5）满足主电路移相范围的要求。不同的主电路形式、不同的负载性质对应不同的移相范围，因此要求触发电路必须满足各种不同场合的应用要求，必须提供足够宽的移相范围。

此外，还要求触发电路具有动态响应快、抗干扰能力强、温度稳定性好等性能。常见的触发电压波形如图 2.1 所示。其中图 2.1（e）的脉冲数在 70 ~ 90 内变化。

触发电路通常以组成的主要元件名称分类，可分为单结晶体管触发电路、计算机控制数字触发电路等。

| （a）正弦波 | （b）尖脉冲 | （b）方波 | （d）强触发脉冲 | （e）脉冲列 |

图 2.1　常见的触发电压波形

2.1.2　单结晶体管触发电路

单结晶体管触发电路具有结构简单、调试方便、脉冲前沿陡、抗干扰能力强等优点，广泛应用于单相可控整流装置中的中、小容量晶闸管的触发控制。

1. 单结晶体管的结构

单结晶体管的结构、等效电路及图形符号如图 2.2 所示。单结晶体管又称双基极管，它有三个电极，但结构上只有一个 PN 结。它是在一块高电阻率的 N 型硅片上用镀金陶瓷片制作两个接触电阻很小的极，称为第一基极（b_1）和第二基极（b_2），在硅片上靠近 b_2 处掺入 P 型杂质，形成 PN 结，由 P 区引出发射极 e。

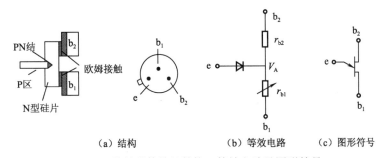

| （a）结构 | （b）等效电路 | （c）图形符号 |

图 2.2　单结晶体管的结构、等效电路及图形符号

当 b_2、b_1 极间加正向电压后，e、b_1 极间呈高阻特性。但当 e 极的电位达到 b_2、b_1 极间电压的某一比值（例如 50%）时，e、b_1 极间立刻变成低电阻，这是单结晶体管最基本的特点。

触发电路常用的单结晶体管型号有 BT33 和 BT35 两种。B 表示半导体，T 表示特种管，第一个数字 3 表示有三个电极，第二个数字 3（或 5）表示耗散功率为 300 mW（或 500 mW）。

单结晶体管的主要参数见表 2.2。

表 2.2　单结晶体管的主要参数

参数名称	分压比 η	基极电阻 $R_{bb}/k\Omega$	峰点电流 $I_p/\mu A$	谷点电流 I_V/mA	谷点电压 U_V/V	饱和电压 U_C/V	最大反压 U_{b2emax}/V	发射极反漏电流/μA	耗散功率/mW
测试条件	$U_{bb}=20\ V$	$U_{bb}=3\ V$ $I_e=0$	$U_{bb}=0\ V$	$U_{bb}=0\ V$	$U_{bb}=0\ V$	$U_{bb}=0\ V$		U_{b2e} 为最大值	$U_{bb}=20\ V$

续表

参数名称		分压比 η	基极电阻 $R_{bb}/k\Omega$	峰点电流 $I_P/\mu A$	谷点电流 I_V/mA	谷点电压 U_V/V	饱和电压 U_C/V	最大反压 U_{b2emax}/V	发射极反漏电流/μA	耗散功率/mW
BT33	A	0.45~0.9	2~4.5			<3.5	<4	≥30		300
	B							≥60		
	C	0.3~0.9	>4.5~12	<4	>1.5		<4.5	≥30	<2	
	D							≥60		
BT35	A	0.45~0.9	2~4.5			<3.5	<4	≥30		500
	B					>3.5		≥60		
	C	0.3~0.9	>4.5~12				<4.5	≥30		
	D					>4		≥60		

2. 单结晶体管的测量

利用万用表可以很方便地判断单结晶体管的好坏和极性。单结晶体管 e 极对 b_1 和 b_2 极之间：$r_{b1b2} = r_{b2b1} = 3 \sim 10 \ k\Omega$。

（1）用万用表判别单结晶体管的引脚极性。判断发射极 e 的方法：把万用表置于 R×100 挡或 R×1k 挡，黑表笔接假设的发射极，红表笔接另外两极，当出现两次低电阻时，黑表笔接的就是单结晶体管的发射极。

判断 b_1 和 b_2 的方法：把万用表置于 R×100 挡或 R×1k 挡，用黑表笔接发射极 e，红表笔分别接另外两极 e，两次测量中，电阻大的一次，红表笔接的就是 b_1 极。

（2）用万用表判别单结晶体管性能的好坏。单结晶体管性能的好坏可以通过测量其各极间的电阻值是否正常来判断。把万用表置于 R×1k 挡，将黑表笔接发射极 e，红表笔依次接两个基极（b_1 和 b_2），正常时均应有几千欧至十几千欧的电阻值。再将红表笔接发射极 e，黑表笔依次接两个基极，正常时电阻值为无穷大。

单结晶体管两个基极 b_1 和 b_2 之间的正、反向电阻值均在 $3 \sim 10 \ k\Omega$ 范围内，若测得某两极之间的电阻值与上述正常值相差较大时，则说明该单结晶体管已损坏。

3. 单结晶体管的伏安特性

单结晶体管的伏安特性指两个基极 b_2 和 b_1 间加某一固定直流电压 U_{bb} 时，发射极电流 I_e 与发射极正向电压 U_e 之间的关系曲线 $I_e = f(U_e)$。其实验电路及伏安特性曲线如图 2.3 所示。

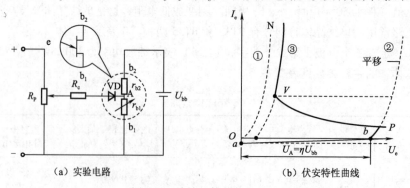

（a）实验电路　　　　　　　（b）伏安特性曲线

图 2.3　单结晶体管伏安特性

当 U_{bb} 为零时，得到图 2.3（b）中的曲线①，它与二极管的伏安特性曲线相似。

（1）截止区 aP 段。当 U_{bb} 不为零时，U_{bb} 通过单结晶体管等效电路中的 r_{b2} 和 r_{b1} 分压，得 A 点电位 U_A，其值为

$$U_A = \frac{r_{b1}}{r_{b1} + r_{b2}} U_{bb} = \eta U_{bb} \tag{2.1}$$

式中，η 为分压比，一般为 0.3～0.9。从图 2.3（b）可见，当 U_e 从零逐渐增加，但 $U_e < U_A$ 时，等效电路中二极管反偏，仅有很小的反向漏电流；当 $U_e = U_A$ 时，等效电路中二极管零偏，$I_e = 0$，电路此时工作在伏安特性曲线与横坐标交点 b 下；进一步增加 U_e，直到 U_e 增加到高出 ηU_{bb} 一个 PN 结正向压降 U_D 时，即 $U_e = U_P = \eta U_{bb} + U_D$ 时，单结晶体管才导通。这个电压称为峰点电压，用 U_P 表示，此时的电流称为峰点电流，用 I_P 表示。

（2）负阻区 PV 段。等效电路中二极管导通后大量的载流子注入 e–b_1 区，使 r_{b1} 迅速减小，分压比 η 下降，U_A 下降，因而 U_e 也下降。U_A 的下降使 PN 结承受更大的正偏，引起更多的载流子注入 e–b_1 区，使 r_{b1} 进一步减小，I_e 更进一步增大，形成正反馈。当 I_e 增大到某一数值时，电压 U_e 下降到最低点。这个电压称为谷点电压，用 U_V 表示，此时的电流称为谷点电流，用 I_V 表示。这个过程表明单结晶体管已进入伏安特性的负载区域。

（3）饱和区 VN 段。过谷点以后，当 I_e 增大到一定程度时，载流子的浓度注入遇到阻力，欲使 I_e 继续增大，必须增大电压 U_e，这一现象称为饱和。

谷点电压是维持单结晶体管导通的最小电压，一旦 $U_e < U_V$ 时，单结晶体管将由导通转化为截止。改变电压 U_{bb}，等效电路中的 U_A 和特性曲线中的 U_P 也随之改变，从而可获得一簇单结晶体管特性曲线。

4. 单结晶体管的自激振荡电路

利用单结晶体管的负阻特性和 RC 电路的充放电特性，可以组成自激振荡电路，产生脉冲，用以触发晶闸管，如图 2.4（a）所示。

设电源未接通时，电容器 C 上的电压为零；电源 U_{bb} 接通后，电源电压通过 $R2$ 和 $R1$ 加在单结晶体管的 b_2 和 b_1 上，同时又通过 r 和 R 对电容器 C 充电。当电容器电压 u_C 达到单结晶体管的峰点电压 U_P 时，e–b_1 导通，单结晶体管进入负阻状态，电容器 C 通过 r_{b1} 和 R_1 放电。因为 R_1 放电很快，放电电流在 R_1 上输出一个脉冲去触发晶闸管。

当电容器放电，u_C 下降到 U_V 时，单结晶体管关断，输出电压 u_{R1} 下降到零，完成一次振荡。放电一结束，电容器重新开始充电，重复上述过程，电容器 C 由于 $t_{放} < t_{充}$ 而得到锯齿波电压，R_1 上得到一个周期性的尖脉冲电压，如图 2.4（b）所示。

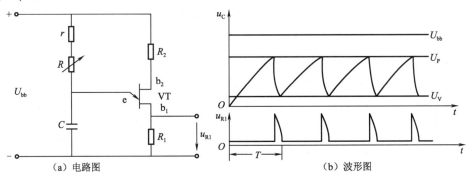

（a）电路图　　　　　　　　　　（b）波形图

图 2.4　单结晶体管自激振荡工作原理

注意，$(r+R)$ 的值太大或太小，电路都不能振荡。

增加一个固定电阻器 r 是为防止 R 调节到零时，$t_充$ 过大而造成晶闸管一直导通无法关断而停振。$(r+R)$ 的值太大时，电容器 C 就无法充电到峰值电压 U_P，单结晶体管不能工作在负阻区。

欲使电路振荡，固定电阻器 r 值和可调电阻器 R 值的选择应满足式（2.2）、式（2.3），即

$$r > \frac{U_{bb} - U_V}{I_V} \tag{2.2}$$

$$R < \frac{U_{bb} - U_P}{I_P} - r \tag{2.3}$$

若忽略电容器的放电时间，上述振荡电路振荡频率近似为

$$f = \frac{1}{T} = \frac{1}{(R+r)C\ln\left(\dfrac{1}{1-\eta}\right)} \tag{2.4}$$

5. 具有同步环节的单结晶体管触发电路

如采用上述单结晶体管自激振荡电路输出的脉冲电压去触发可控整流电路中的晶闸管，负载上得到的电压 u_d 的波形是不规则的，很难实现正常控制。这是因为触发电路缺少与主电路晶闸管保持电压同步的环节。

如图 2.5（a）所示，它是加了同步环节的单结晶体管触发电路，主电路是单相半波可控整流电路。图 2.5 中触发变压器 TS 与主电路变压器 TR 接在同一电源上，同步变化 TS 二次电压 u_s，经二极管的半波整流，稳压管的稳压削波后得到梯形波，作为触发电路电源，也作为同步信号。这样，当主电路的电压过零时，触发电路的同步电压梯形波也过零，单结晶体管的 U_{bb} 也为零，使电容器 C 放电到零，保证了下一个周期电容器从零开始充电，起到了同步作用。从图 2.5（b）可以看出，每个周期中电容器的充放电不止一次，晶闸管由第一个脉冲触发导通，后面的脉冲不起作用。改变 R 的大小，可改变电容器充电速度，达到调节 α 角的目的。

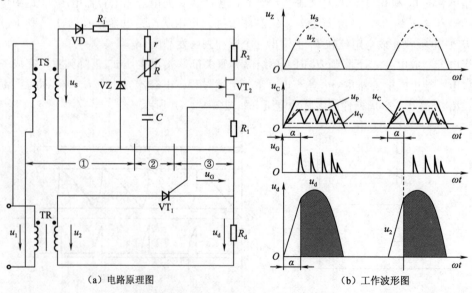

（a）电路原理图　　　　　　　　　　（b）工作波形图

图 2.5　梯形波同步的单结晶体管触发电路

稳压管的作用如下：

（1）增大移相范围。如不加削波，如图 2.6（a）所示，单结晶体管 b_2-b_1 间的电压 u_{bb} 是正弦半波，而经电容器充电使单结晶体管导通的峰值电压 u_p 也是正弦波，达不到 u_p 的电压不能触发晶闸管，可见，保证晶闸管可靠触发的移相范围很小。

（2）输出脉冲幅值相同。采用稳压管削波，使 u_{bb} 在半波范围内平坦很多，u_p 的波形是接近于方波的梯形波，所以输出触发脉冲幅值相同。

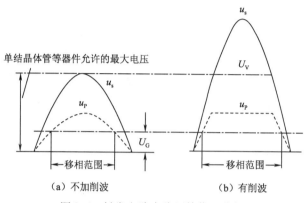

（a）不加削波　　　　　　（b）有削波

图 2.6　触发电路中稳压管作用分析

（3）提高抗干扰能力。要增大移相范围，只有提高正弦半波 u_s 的幅值，如图 2.6（b）所示，这样会使单结晶体管在 $\alpha = 90°$ 附近承受很大的电压。如采用稳压管削波，使器件所承受的电压限制在安全值范围内，提高了晶闸管的工作稳定性。

单结晶体管触发电路简单，输出功率较小，脉冲较窄，虽加有温度补偿，但对于大范围的温度变化时仍会出现误差，控制线性度不好。参数差异较大，对于多相电路的触发时不易一致。因此，单结晶体管触发电路只用于控制精度要求不高的单相晶闸管系统。

2.1.3　锯齿波同步触发电路

用单结晶体管组成的触发电路通常只适用于中、小容量及要求不高的场合。对触发脉冲的波形、移相范围等有特定要求或容量较大的晶闸管装置，大多采用由晶体管组成的触发电路，目前都用以集成电路形式出现的集成触发器。为了讲清楚触发移相的原理，现以常用同步电压为锯齿波的分立式元件电路来分析。

图 2.7 所示为锯齿波同步触发电路，该电路由五个基本环节组成：同步环节，锯齿波形成及脉冲移相环节，脉冲形成、放大和输出环节，双脉冲形成环节，强触发及脉冲封锁环节。

1. 同步环节

同步就是要求锯齿波的频率与主回路电源的频率、相位相同。在该电路中，同步环节由外接同步变压器 TR，晶体管 VT_2，二极管 VD_1、VD_2、R_1 及 C_1 等组成，如图 2.7 所示。锯齿波是由起开关作用的 VT_2 控制的，VT_2 截止期间产生锯齿波，VT_2 截止持续的时间就是锯齿波的宽度，VT_2 开关的频率就是锯齿波的频率。要使触发脉冲与主电路电源同步，必须使 VT_2 开关的频率与主电路电源频率相同。在该电路中将同步变压器和整流变压器接在同一电源上，用同步变压器二次电压来控制 VT_2 的通断，这就保证了触发脉冲与主电路电源频率的同步。

同步环节工作原理：同步变压器二次电压间接加在 VT_2 的基极上，当二次电压为负半周

第 **2** 章　电力电子器件驱动与保护电路分析

的下降段时，VD_1 导通，电容器 C_1 被迅速充电，②点为负电位，VT_2 截止。在二次电压负半周的上升段，电容器 C_1 已充至负半周的最大值，VD_1 截止，$+15V$ 通过 R_1 给电容器 C_1 反向充电，当②点电位上升至 1.4 V 时，VT_2 导通，②点电位被钳位在 1.4 V。以上分析可见，VT_2 截止的时间长短，与 C_1 反充电的时间常数 R_1C_1 有关，直到同步变压器二次电压的下一个负半周到来时，VD_1 重新导通，C_1 迅速放电后又被充电，VT_2 又变为截止，如此周而复始，在一个正弦波周期内，VT_2 具有截止与导通两个状态，对应的锯齿波恰好是一个周期，与主电路电源频率完全一致，达到同步的目的。

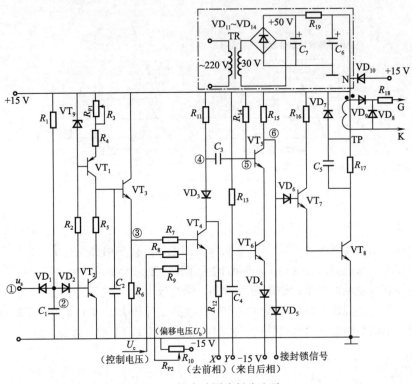

图 2.7　锯齿波同步触发电路

2. 锯齿波形成及脉冲移相环节

该环节由晶体管 VT_1 组成恒流源向电容器 C_2 充电，晶体管 VT_2 作为同步开关控制恒流源对 C_2 的充、放电过程，晶体管 VT_3 为射极跟随器，起阻抗变换和前后级隔离作用，减小后级对锯齿波线性的影响。

如图 2.7 所示，该环节工作原理如下：当 VT_2 截止时，由 VT_1 管、VT_9 稳压二极管、R_3、R_4 组成的恒流源以恒流 I_{C1} 对 C_2 充电，C_2 两端电压 u_{C2} 为

$$u_{C2} = \frac{1}{C_2}\int I_{C2}\mathrm{d}t = \frac{I_{C1}}{C_2}t \tag{2.5}$$

u_{C2} 随时间 t 线性增长。I_{C1}/C_2 为充电斜率，调节 R_3 可改变 I_{C1}，从而调节锯齿波的斜率。当 VT_2 导通时，因 R_5 阻值很小，电容器 C_2 经 R_5、VT_2 管迅速放电到零。所以，只要 VT_2 管周期性关断、导通，电容器 C_2 两端就能得到线性很好的锯齿波电压。为了减小锯齿波电压与控制电压 U_c、偏移电压 U_b 之间的影响，锯齿波电压 U_{C2} 经射极跟随器输出。

锯齿波电压 u_{e3}，与 U_c、U_b 进行并联叠加，它们分别通过 R_7、R_8、R_9 与 VT_4 的基极相接。

根据叠加原理，分析 VT_3 管基极电位时，可看成锯齿波电磁 u_{e3}、控制电压 U_c（正值和）偏移电压 U_b（负值）三者单独作用的叠加。当三者合成电压 u_{b4} 为负时，VT_4 管截止；合成电压 u_{b4} 由负过零变正时，VT_4 由截止转为饱和导通，u_{b4} 被钳位到 $0.7\ V$。

锯齿波触发电路各点电压波形如图 2.8 所示。电路工作时，往往将负偏移电压 U_b 调整到某值固定，改变控制电压 U_c，就可以改变 u_{b4} 的波形与时间轴横坐标的交点，也就改变了 VT_4 转为导通的时刻，即改变了触发脉冲产生的时刻，达到移相的目的。设置负偏移电压 U_b 的目的是为了使 U_c 为正，实现从小到大单极性调节。通常设置 $U_c = 0$ 时为 α 角的最大值，作为触发脉冲的初始位置，随着 U_c 调大，α 角减小。

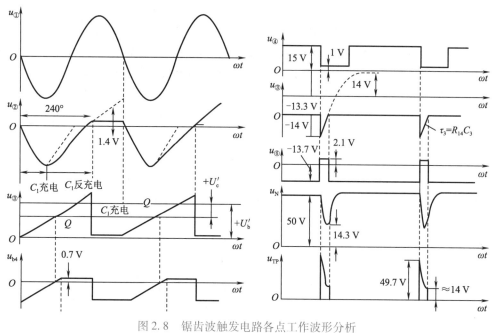

图 2.8 锯齿波触发电路各点工作波形分析

3. 脉冲形成、放大和输出环节

脉冲形成坏节由晶体管 VT_4、VT_5、VT_6 组成；放大和输出环节由 VT_7、VT_8 组成；同步移相电压加在晶体管 VT_4 的基极，触发脉冲由脉冲变压器二次侧输出。

工作原理如下：当 VT_4 的基极电位 $u_{b4} < 0.7\ V$ 时，VT_4 截止，VT_5、VT_6 分别经 R_{14}、R_{13} 提供足够的基极电流使之饱和导通，因此⑥点电位为 $-13.7\ V$（二极管正向压降 $0.7\ V$，晶体管饱和压降按 $0.3\ V$ 计算），VT_7、VT_8 截止，脉冲变压器无电流流过，二次侧无触发脉冲输出。此时电容器 C_3 充电，充电回路为：由电源 $+15\ V$ 端经 $R_{11} \rightarrow VT_5$ 发射极 $\rightarrow VT_6 \rightarrow VD_4 \rightarrow$ 电源 $-15\ V$ 端。C_3 充电电压为 $28.3\ V$，极性为左正右负。

当 $U_{b4} = 0.7\ V$ 时，VT_4 导通，④点电位由 $+15\ V$ 迅速降低至 $1\ V$ 左右，由于电容器 C_3 两端电压不能突变，使 VT_5 的基极电位⑤点跟着突降到 $-27.3\ V$，导致 VT_5 截止，它的集电极电压升至 $2.1\ V$，于是 VT_7、VT_8 导通，脉冲变压器输出脉冲。与此同时，电容器 C_3 由 $15\ V$ 经 R_{14}、VD_3、VT_4 放电后又反向充电，使⑤点电位逐渐升高，当⑤点电位升到 $-13.3\ V$ 时，VT_5 发射结正偏导通，使⑥点电位从 $2.1\ V$ 又降为 $-13.7\ V$，迫使 VT_7、VT_8 截止，输出脉冲结束。

由以上分析可知，VT_4 开始导通的瞬时是输出脉冲产生的时刻，也是 VT_5 转为截止的瞬时。VT_5 截止的持续时间就是输出脉冲的宽度，脉冲宽度由 C_3 反向充电的时间常数（$t_3 =$

C_3R_{14}）来决定，输出窄脉冲时，脉宽通常为 1ms（即 18°）。

R_{16}、R_{17} 分别为 VT_7、VT_8 的限流电阻器；VD_6 可以提高 VT_7、VT_8 的导通阈值，增强抗干扰能力；电容器 C_5 用于改善输出脉冲的前沿陡度；VD_7 可以防止 VT_7、VT_8 截止时脉冲变压器一次侧的感应电动势与电源电压叠加，造成 VT_8 的击穿；变压器二次侧所接的 VD_8、VD_9 是为了保证输出脉冲只能正向加在晶闸管的门极和阴极两端。

4. 双脉冲形成环节

三相全控桥式电路要求触发脉冲为双脉冲，相邻两个脉冲间隔为 60°，该电路可以实现双脉冲输出。

如图 2.7 所示，双脉冲形成环节的工作原理如下：VT_5、VT_6 两个晶体管构成"或门"电路，当 VT_5、VT_6 都导通时，VT_7、VT_8 都截止，没有脉冲输出。但只要 VT_5、VT_6 中有一个截止，就会使 VT_7、VT_8 导通，脉冲就可以输出。VT_5 基极端由本相同步移相环节送来的负脉冲信号使其截止，导致 VT_8 导通，送出第一个窄脉冲，接着由滞后 60° 的后相触发电路在产生其本相脉冲的同时，由 VT_4 的集电极经 R_{12} 的 X 端送到本相的 Y 端，经电容器 C_4 微分产生负脉冲送到 VT_6 基极，使 VT_6 截止，于是本相的 VT_8 又导通一次，输出滞后 60° 的第二个窄脉冲。VD_3、R_{12} 的作用是为了防止双脉冲信号的相互干扰。

对于三相全控桥式电路，电源三相 U、V、W 为正相序时，六只晶体管的触发顺序是 $VT_1 \rightarrow VT_2 \rightarrow VT_3 \rightarrow VT_4 \rightarrow VT_5 \rightarrow VT_6$，彼此间隔 60°，为了得到双脉冲，六块触发板的 X、Y 可按图 2.9 所示方式连接，即后相的 X 端与前相的 Y 端相连。

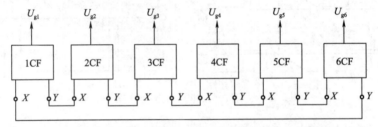

图 2.9　三相全控桥式电路双脉冲触发电路连接图

应注意的是，使用这种触发电路的晶闸管装置，三相电源的相序是确定的，在安装使用时，应先测量电源的相序，进行正确的连接。如果相序接反了，装置将不能正常的工作。

5. 强触发及脉冲封锁环节

在晶闸管串、并联使用或全控桥式电路中，为了保证被触发的晶闸管同时导通，可采用输出幅值高、前沿陡的强脉冲触发电路。

强触发环节为图 2.7 中右上角的那部分电路。工作原理如下：变压器二次侧 30 V 电压经桥式整流，电容器和电阻器 Π 形滤波，得到近似 50 V 的直流电压，当 VT_8 导通时，C_6 经过脉冲变压器、R_{17}（C_5）、VT_8 迅速放电，由于放电回路电阻较小，电容器 C_6 两端电压衰减很快，N 点电位迅速下降。当 N 点电位稍低于 15 V 时，二极管 VD_{10} 由截止变为导通，这时虽然 50 V 电源电压较高，但它向 VT_8 提供较大电流时，在 R_{19} 上的电压降较大，使 R_{19} 的左端电压不可能超过 15 V，因此 N 点电位再次被钳制在 15 V。当 VT_8 由导通变为截止时，50 V 电源又通过 R_{19} 向 C_6 充电，使 N 点电位再次升到 50 V，为下一次强触发做准备。

电路中的脉冲封锁信号为零电位或负电位，是通过 VD_5 加到 VT_5 集电极的。当脉冲封锁信号接入时，晶体管 VT_7、VT_8 就不能导通，触发脉冲无法输出。二极管 VD_5 的作用是防止封锁信号接地时，经 VT_7、VT_6 和 VD_4 到 $-15\ V$ 之间产生大电流通路。

同步电压为锯齿波的触发电路，具有抗干扰能力强，不受电网电压波动与波形畸变的直接影响，移相范围宽的优点，缺点是整流装置的输出电压 U_d 与控制电压 U_c 之间不成线性关系，电路比较复杂。

2.1.4　集成触发电路

随着晶体管技术的发展，对其触发电路的可靠性提出了更高的要求，集成触发电路具有可靠性高、技术性能好、体积小、功耗低、调试方便等优点。晶闸管触发电路的集成化已逐渐普及，并逐步取代分立式电路。下面介绍由集成元件 KC 系列中 KC04、KC41、KC42 组成的三相集成触发电路、功能更强的西门子 TCA785 集成触发器。

1.KC04、KC41C、KC42 组成的三相集成触发电路

（1）KC04 移相触发器。KC04 移相触发器与分立元件的锯齿波移相触发电路相似，分为同步、锯齿波形成、移相控制、脉冲形成、放大输出等环节。该器件适用于单相、三相全控桥式整流装置中作为晶闸管双路脉冲移相触发。

如图 2.10 所示，它有 16 个引出端。⑯端接 $+15\ V$ 电源；③端通过 30 kΩ 电阻器，6.8 Ω 电位器接 $-15\ V$ 电源；⑦端接地；正弦同步电压经 15 kΩ 电阻器接至⑧端，进入同步环节；③、④端接 0.47 μF 电容器，与集成电路内部三极管构成电容负反馈锯齿波发生器；⑨端为锯齿波电压、负直流偏压和控制移相压综合比较输入；⑪、⑫端接 0.047 μF 电容器后接 30 kΩ 电阻器，再接 15 V 电源与集成电路内部三极管构成脉冲形成环节，脉宽由时间常数 0.047 μF×30 kΩ 决定；⑬、⑭端是提供脉冲列调制和脉冲封锁控制端；①、⑮端输出相位差 180° 的两个窄脉冲。KC04 移相触发器部分引脚的电压波形如图 2.11（a）所示。

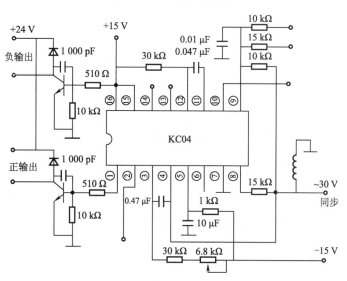

图 2.10　KC04 移相触发器

（2）KC41C 六路双脉冲形成器。KC41C 内部电路及引脚排列图如图 2.12 所示。使用时，KC41C 与三块 KC04 组成三相桥式全控整流的双脉冲触发电路。把三块 KC04 触发器的六个输出端分别接到 KC41C 的①~⑥端。KC41C 内部二极管具有的"或"功能形成双窄脉冲，再由

集成电路内部的六只晶体管放大，从⑩~⑮端外接的 $VT_1 \sim VT_6$（3DK6）晶体管做功率放大可得到 800 mA 触发脉冲电流，可触发大功率的晶闸管。KC41C 不仅具有双脉冲形成功能，还具有作为电子开关提供封锁控制的功能。集成块内部 VT_7 为电子开关，当⑦引脚接地时，VT_7 导通，各路无输出脉冲。KC41C 各引脚的脉冲波形如图 2.11（b）所示。

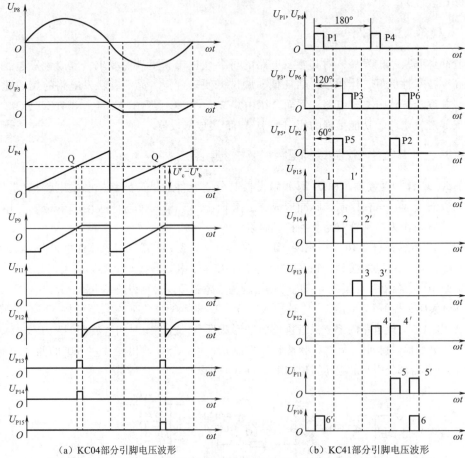

（a）KC04部分引脚电压波形　　（b）KC41部分引脚电压波形

图 2.11　KC04 移相触发器部分引脚的电压波形及 KC41C 各引脚的脉冲波形

图中 Q 为比较电压基准点

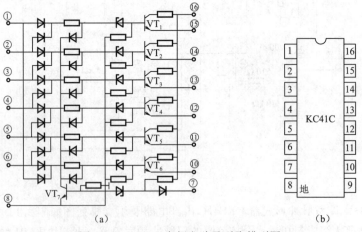

（a）　　　　　　　　　　　　（b）

图 2.12　KC41C 内部电路及引脚排列图

（3）KC42 脉冲列调制形成器。电路如图 2.13 所示，当三个 KC04 任意一个有输出时，VT_1、VT_2、VT_3 "或非" 门电路中将有一管导通，VT_4 截止，VT_5、VT_6、VT_8 环形振荡器起振，VT_6 导通，⑩端为低电平，VT_7、VT_8 截止，⑧、⑪端为高电平，⑧端有脉冲输出。此时电容器 C_2 由⑪端→R1→C_2→⑩端充电，⑥端电位随着充电逐渐升高，当升高到一定值时，VT_5 导通，VT_6 截止，⑩端为高电平，VT_7、VT_8 导通，环形振荡器停振。⑧、⑪端为低电平，VT_7 输出一窄脉冲。

同时，电容器 C_2 再由 $R_1//R_2$ 方向充电，⑥端电位降低，降低到一定值时，VT_5 截止，VT_6 导通，⑧端又输出高电平，以后又重复上述过程，形成循环振荡。

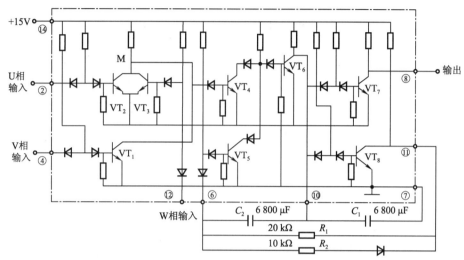

图 2.13　KC42 脉冲列调制形成器电路

（4）三相触发电路。由三块 KC04、一块 KC41 和一块 KC42 组成的三相触发电路，如图2.14 所示。该组件体积小，调整维修方便。同步电压 u_{TA}，u_{TB}，u_{TC} 分别加到 KC04 的⑧端上，每块 KC04 的⑬端输出相位差为 180° 的脉冲分别送到 KC42 的②、④、⑫端，由 KC42 的⑧端可获相位差为 60° 的脉冲列，将此脉冲列再送回到每块 KC04 的⑭端，经 KC04 鉴别后，由每块 KC04 的①、⑮端送至 KC41 组合成所需的双窄脉冲列，再放大后输出到六只相应的晶闸管门极。

2. MC78 系列集成触发电路和 TCA785 集成触发电路

（1）MC787 和 MC788 集成触发电路。集成触发电路 MC787 和 MC788 与 KC 系列相比较，具有功能强、外接元器件少、不需要双电源供电、功耗少等多项优点，对于电力电子产品的小型化和方便设计具有重要意义。图 2.15 为 MC787 和 MC788 内部电路的结构框图。

集成块由同步过零和极性检测电路、锯齿波形成电路、比较电路、抗干扰锁定电路、调制脉冲发生器、脉冲形成电路、脉冲分配及驱动电路组成。电路采用单电源供电，同步电压的零点设计在 1/2 电源电压处。三相同步电压信号经 T 形网络进入同步过零和极性检测电路，检测出零点和极性后，在锯齿波形成电路的 C_U、C_V、C_W 三个电容器上积分形成锯齿波。锯齿波形成电路由于采用集中式恒流源，相对误差很小，具有良好的线性度和一致性。因此，要求选取的积分电容器的相对误差也应较小。

锯齿波在比较器中与移相电压比较取得交点，移相电压由 4 端通过电位器调节或由外电路控制得到。移相电压为正极性，当移相电压增加时，输出触发延迟角增大。移相电压的调整范围可按积分电容器的大小，在 0～15 V 之间选取。

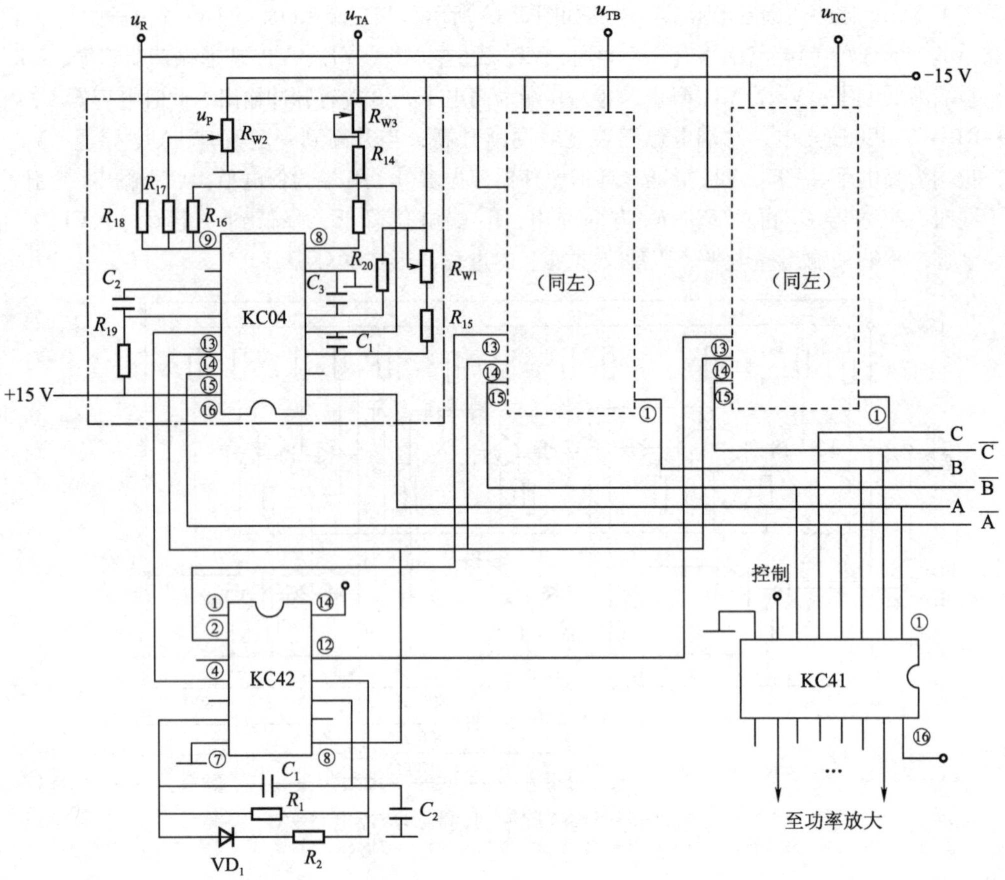

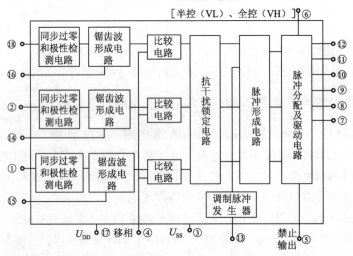

图 2.14　三相触发电路

图 2.15　MC787 和 MC788 内部电路的结构框图

使用时应注意的几个问题：第一，同步电压的零点取在 1/2 电源电压处，所以，同步信号的"地"若与电路共地，电路的同步信号输入端需要用电阻器进行 1/2 分压，然后将同步信号用电容器耦合到输入端；1/2 分压精度将影响同步信号的零点，应选用相对误差小于 2% 的电阻器。此外，同步信号的峰值不应超过电源电压数值。第二，电容器的相对误差应小于

5%，当频率为 50 Hz 时，电容可取 0.15 μF 左右，当频率较高时，为保证电容器积分幅值，电容应减小。第三，电路的半控/全控控制端，使用时不要悬空。第四，MC787 和 MC788 可方便地用于普通晶闸管、双向晶闸管、门极关断晶闸管、非对称晶闸管的电力电子设备中作为移相触发脉冲形成电路。改变 C_X，它还可用于 GTR、功率 MOSFET、IGBT 或 MCT（MOS 控制晶闸管）等电力电子设备中。MC787 应用电路如图 2.16 所示。

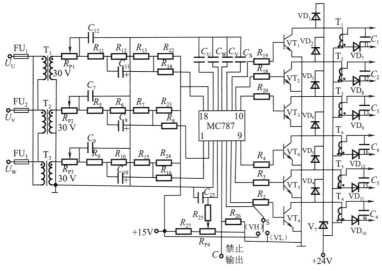

图 2.16　MC787 应用电路

（2）TCA785 集成触发电路。西门子 TCA785 集成触发电路的内部框图如图 2.17 所示。TCA785 集成块内部主要由同步寄存器、基准电源、锯齿波形成电路、移相电压比较器、锯齿波比较器和逻辑控制功率放大等功能块组成。

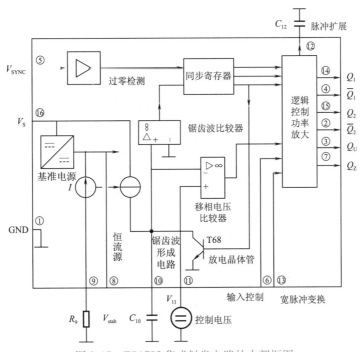

图 2.17　TCA785 集成触发电路的内部框图

同步信号从 TCA785 集成触发电路的⑤引脚输入，"过零检测" 部分对同步电压信号进行检测，当检测到同小信号过零时，信号送 "同步寄存器"，输出控制锯齿波发生电路，锯齿波的斜率大小由⑨引脚外接电阻器和⑩引脚外接电容器决定；输出脉冲宽度由⑫引脚外接电容器的大小决定；⑭、⑮引脚输出对应负半周和正半周的触发脉冲，移相控制电压从⑪引脚输入。

TCA785 应用电路如图 2.18 所示，电位器 R_{P1} 主要调节锯齿波的斜率，R_{P2} 则调节输入的移相控制电压，脉冲从⑭、⑮引脚输出，输出的脉冲恰好互差 180°，可供单相整流及逆变实验用，各点电压波形如图 2.19 所示。

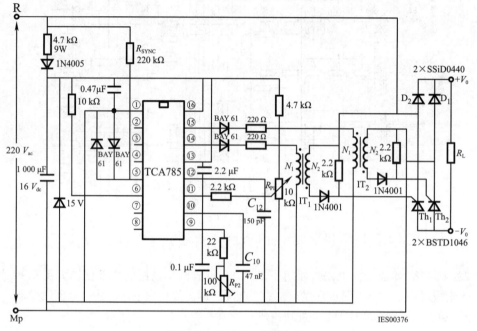

图 2.18　TCA785 应用电路

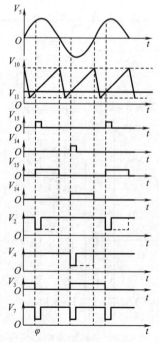

图 2.19　TCA785 各点电压波形

2.2 全控型电力电子器件驱动电路

电力电子器件的驱动电路是电力电子主电路与控制电路之间的接口，是电力电子装置的重要环节，其性能的好坏对整个电力电子装置有很大的影响，采用性能良好的驱动电路，可使电力电子器件工作在较理想的开关状态，缩短开关时间，减小开关损耗。因驱动电路对装置的运行效率、可靠性和安全性都有重要意义。另外，对电力电子装置的一些保护措施也设置在驱动电路中，也是通过驱动电路来实现的。

驱动电路的主要功能是按控制要求施加开通或关断信号，对半控型器件只需要提供开通控制信号即可，对全控型器件则在提供开通控制信号时，还要根据工作需要提供关断控制信号，以实现全控型电力电子器件的开关作用。

2.2.1 电力晶体管驱动电路

电力晶体管（GTR）基极驱动电路的作用是使 GTR 可靠地开通与关断。GTR 基极驱动方式直接影响其工作状态，可使某些特性参数得到改善或变坏。例如，通过驱动使 GTR 加速开通，可减少开通损耗，但对关断不利，增加了关断损耗。

GTR 驱动电路与主电路之间的连接方式通常有两种：一种是直接驱动方式，通常又有简单驱动、推挽驱动和抗饱和驱动等形式；另一种是隔离驱动方式，隔离驱动从其驱动耦合方式又可分为光电隔离和电磁隔离两种形式。

GTR 的基极驱动电路有恒流驱动电路、抗饱和驱动电路、固定反偏互补驱动电路、比例驱动电路、集成化驱动电路等多种形式。

恒流驱动电路是指其使 GTR 的基极电流保持恒定，不随集电极电流变化而变化。

抗饱和驱动电路的作用是让 GTR 开通时处于准饱和状态，使其不进入放大区和深饱和区，关断时，施加一定的负基极电流，有利于减小关断时间和关断损耗。

固定反偏互补驱动电路是由具有正、负双电源供电的互补输出电路构成的，当电路输出为正时，GTR 导通；当电路输出为负时，发射结反偏，基区中的过剩载流子被迅速抽出，GTR 迅速关断。

比例驱动电路是使 GTR 的基极电流正比于集电极电流的变化，保证在不同负载情况下，器件的饱和深度基本相同。

1. 分立基极驱动电路分析

分立元件 GTR 的驱动电路由电气隔离和晶体管放大电路两部分构成。电路如图 2.20 所示。

VT_1、R_1 为 U_1 输入端驱动电路，U_1 起耦合隔离作用，VT_2、VT_3 及外围元件构成电压驱动电路，VT_4、VT_5 构成复合管与 VT_6 构成推挽式功率驱动电路，VD_2、VD_3、VD_4、VD_5 构成贝克钳位抗饱和电路。VT_7 为 GTR 开关。C_1 为自举电容器，主要是提高 VT_5 与 VT_6 的交替速度，C_2 为加速电容器，可以提高 VT_7 的开通与关断速度。电路控制过程：A 端输入开通信号，VT_1 驱动 U_1 发光管导通，使 VT_2 饱和导通，其集电极–发射极电压小于 0.3 V，VD_1、VT_3 截止，VT_3 集电极为高电位，由于 C_1 的自举作用，使 VT_4、VT_5 先于 VT_6 导通，使 GTR 开关 VT_7 迅速导通；当关断信号使 VT_5 截止，VT_6 导通时，C_2 充得的左正右负电压使 VT_7 迅速截止，开关关断。

A 端输入开通信号→VT$_1$ 导通→VT$_2$ 导通→VD$_1$、VT$_3$ 截止→VT$_4$、VT$_5$ 导通（VT$_6$ 截止）→VD$_4$、VT$_7$ 导通→开关开通。

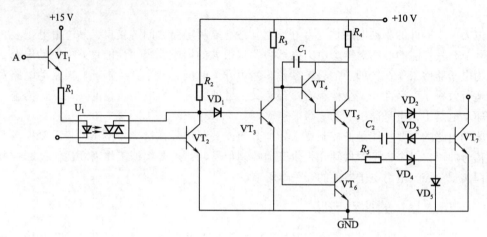

图 2.20　分立基极驱动电路

2.GTR 集成驱动电路

芯片 UAA4002 是 THOMSON 公司专为 GTR 设计的集成式驱动电路。它不仅简化了基极驱动电路，提高了基极驱动电路的集成度、可靠性、快速性，而且它把对 GTR 的保护和驱动结合起来，使 GTR 运行在自身可保护的临界饱和状态下。图 2.21 所示是采用 UAA4002 集成驱动电路组成的 8 A、400 V 开关电源原理图。驱动电路为电平控制方式，最小导通时间为 2.8 μs。其电路功能与特点如下：

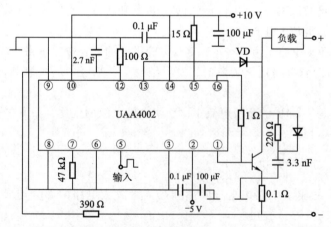

图 2.21　采用 UAA4002 集成驱动电路组成的 8 A、400 V 开关电源原理图

（1）输入/输出。⑤引脚为控制信号的输入端，输入信号可以是电平或正、负脉冲，通过输入接口可将信号放大为 0.5 A 的正向驱动电流或 3 A 的反向关断电流，分别由⑯引脚和 1 引脚输出，驱动电流可自动调节，使 GTR 工作在临界饱和状态。

（2）限流。在电源负载回路中串联 0.1Ω 的采样电阻器，用来检测 GTR 的集电极电流，并将该信号引入芯片 LC 端（⑫引脚）。一旦发生过电流，该信号使比较器状态发生变化，逻辑处理器检测并发出封锁信号，封锁输出脉冲，使 GTR 关断。

（3）防止退饱和。用二极管 VD 检测 GTR 的集电极电压，VD 正极接芯片 VCE 端（⑬引脚），负极接 GTR 集电极，由 GTR 导通时比较器检测 VCE 端电压，若高于 RSD 端（⑪引脚）上的设定电压，比较器则向逻辑处理器发出信号，逻辑处理器发出封锁信号，关断 GTR，从而防止 GTR 因基极电流不足或集电极电流过载一起退出饱和，图 2.21 中的 RSD 端（⑪引脚）开路，动作阈值被自动限制在 5.5 V。

（4）导通时间间隔控制。通过 RT 端（⑦引脚）外接电阻器来确定 GTR 的最小导通时间，通过 CT 端（⑧引脚）外接电容器来确定 GTR 的最大导通时间。

（5）电源电压监测。用 VCC 端（⑭引脚）检测正电源电压的大小。当电源电压小于 7 V 时，使 GTR 截止，以免 GTR 在过低的驱动电压下退饱和而造成损坏。负电压的检测可在 V⁻ 端（②引脚）与 R⁻ 端（⑥引脚）之间的外接电阻器来实现。

（6）热保护。当芯片温度为 150℃ 时，能自动切断输出脉冲。当芯片温度降至极限以下时，恢复输出。

（7）延时功能。通过 RD 端（⑩引脚）接电阻器来进行调整，使 UAA4002 的输入与输出信号前沿保持 1～2 μs 的延时，防止发生直通、短路或误动作。若不需要延时，将此端接正电源。

（8）输出封锁。INH 端（③引脚）加高电平时输出封锁，加低电平时解除封锁。

2.2.2　可关断晶闸管驱动电路

门极可关断晶闸管（GTO）的导通过程与普通晶闸管相似，可以用正门极电流开通。但在关断过程中，GTO 可以采用负的门极电流关断，这一点与普通晶闸管完全不同。

影响关断的因素很多，例如阳极电流越大越难关断，电感负载较电阻负载难以关断，工作频率越高、结温越高越难以关断。所以，欲使 GTO 关断，往往需要具有特殊的门极关断功能的门极驱动电路。

1. GTO 对门极驱动电路的基本要求

GTO 的结构特点使其对驱动电路要求较严，门极控制不当，会使 GTO 在不满足电压、电流定额的情况下损坏。GTO 门极触发方式通常有三种：直流触发，在 GTO 被触发导通期间，门极一直加直流触发信号；连续脉冲触发，在 GTO 被触发导通期间，门极上仍加有连续触发脉冲，所以又称脉冲列触发；单脉冲触发，即脉冲触发 GTO 导通之后，门极触发脉冲即结束。

采用直流触发或连续脉冲触发方式，GTO 的正向管压降较小；采用单脉冲触发时，如果阳极电流较小，则管压降较大，因此，用单脉冲触发时应提高脉冲的前沿陡度，增大脉冲幅度和宽度，才能使 GTO 的大部分或全部达到饱和导通状态。

影响 GTO 导通的主要因素：阳极电压、阳极电流、温度和门极触发信号等。阳极电压高，GTO 导通容易；阳极电流较大时易于维持大面积饱和导通；温度低时，要加大门极驱动信号才能得到与室温一致的导通效果。因此，GTO 在安全稳定运行的条件下，门极触发信号应满足以下几项基本要求：

（1）门极触发信号要足够大，以保证 GTO 工作在临界饱和状态。

（2）脉冲前沿（正、负脉冲）越陡越好，后沿则应平缓。正脉冲后沿太陡会产生负尖峰脉冲；负脉冲后沿太陡会产生正尖峰脉冲，会导致刚关断的 GTO 的耐压和阳极承受的 du/dt 降低。

第 2 章　电力电子器件驱动与保护电路分析

（3）门极正脉冲电流一般为额定触发电流（直流）的 3～5 倍，以实现强触发。

（4）关断后还要在门极-阴极间施加约 5 V 的负偏压，以提高抗干扰能力。

门极驱动电路结构示意图及理想的门极驱动电流波形如图 2.22 所示。

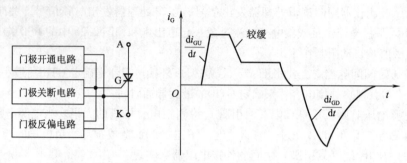

图 2.22　门极驱动电路结构示意图及理想的门极驱动电流波形

2.GTO 的门极驱动电路

GTO 的门极驱动电路通常包括开通驱动电路、关断驱动电路和门极反偏电路三部分，可分为脉冲变压器耦合和直接耦合两种类型。

门极开通。GTO 触发导通要求触发脉冲信号具有前沿陡、幅度高、宽度大、后沿缓的脉冲波形；上升沿陡的门极电流脉冲有利于 GTO 的快速导通，且可保证使所有的 GTO 元件几乎同时导通，且使电流分布趋于均匀，通常要求脉冲前沿为 $di_{GU}/dt = 5 \sim 10 \text{A}/\mu\text{s}$；脉冲幅度高可实现强触发，有利于缩短开通时间，减少开通损耗，为此一般要求脉冲幅度为额定直流触发电流的 4～10 倍；脉冲有足够的宽度可以保证阳极电流可靠建立，一般取脉宽为 10～60 μs；脉冲后沿尽量平缓，可以防止产生振荡，在开通脉冲的尾部出现负的门极电流，不利于门极开通。

门极关断。已开通的 GTO 靠门极反向电流来关断，它是 GTO 应用中的关键问题。对门极关断脉冲波形的要求是前沿陡、幅度高、宽度足够、后沿平缓。前沿陡，可以缩短关断时间，减少关断损耗。但前沿不宜过陡，否则会使关断增益降低，阳极尾部电流增加，对 GTO 产生不利影响，一般使脉冲电流的上升率为 $di_{GD}/dt = 5 \sim 10$ A/μs；为了保证 GTO 的可靠关断，关断负电压脉冲宽度应不小于 40 μs。关断电压脉冲的后沿应尽量平缓，如果坡度太陡，由于结电容效应会产生一个门极正电流（尽管门极电压是负的），使 GTO 有开通的可能，不利于关断。

门极反偏。与普通晶闸管相比，GTO 由于结构原因使得其承受电压上升率的能力较差。例如，阳极电压上升率较高时可能会引起误触发。可以设置一个门极反偏电路，在 GTO 正向阻断期间于门极上施加反偏电压，从而提高 GTO 对电压上升率的承受的能力。但反偏电压的幅度必须小于门极反向雪崩电压，持续时间可以是几十微秒和整个阻断状态所处的时间，这样有利于 GTO 的安全运行。

1）小容量 GTO 门极驱动电路

如图 2.23 所示，当 $u = 0$ 时，由晶体管 VT_1、VT_2 组成的复合管导通，对电容器 C_1 充电，形成正向门极电流，触发 GTO 导通，电容器 C_1 的极性为左正右负；当时 $u > 0$，VT_3、VT_4 饱和导通，电容器 C_1 通过电阻器 R_4、VD_1 和 VT_4 放电，形成反向门极电流，使 GTO 关断。该电路可驱动 50A 的 GTO。

2）双电源光耦合 GTO 门极驱动电路

如图 2.24 所示，该电路由导通控制与关断控制两部分组成。图 2.24 中，上半部分为导通控制电路，下半部分为关断控制电路。每部分电路都由光电隔离、整形、放大三级电路组成。

在导通控制电路中，采用光耦合器 D_1 的作用是防止前级电路与 GTO 门极电路相互干扰，并实现不同电平的转换。

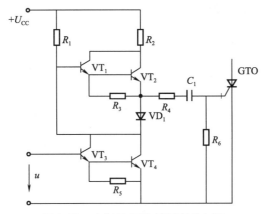

图 2.23　小容量 GTO 门极驱动电路

由于 D_1 的输出波形会产生畸变，故采用由 VT_1 和 VT_2 组成的施密特触发器作为整形电路，整形后的脉冲信号经 VT_3、VT_4 和 VT_5 组成的放大级送至 GTO 门极，从而控制 GTO 的导通与关断。

该电路可以驱动 500 A/1 200 V 的 GTO，用于三相 PWM 控制的 GTO 逆变器。

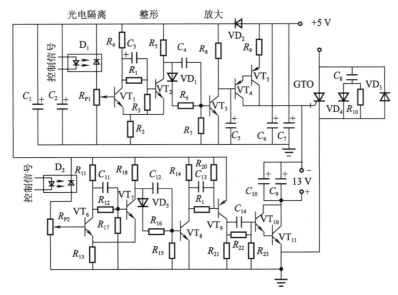

图 2.24　双电源光耦合 GTO 门极驱动电路

2.2.3　功率场效应管驱动电路

1. 功率场效应管栅极驱动电路的特点及其要求

（1）栅极驱动电路的特点。该电路简单，可用 TTL 电路或 CMOS 电路直接驱动；输出功率由输入电容器和门极电压的大小决定；开关速度由输入电容器的充放电速度决定。

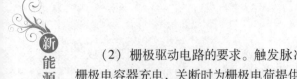

（2）栅极驱动电路的要求。触发脉冲要具有足够快的上升和下降速度；开通时以低电阻对栅极电容器充电，关断时为栅极电荷提供电阻放电回路；触发脉冲电压应高于功率场效应管的开启电压；在其截止时应提供负的栅源电压；驱动电路应具备良好的电气隔离性能、良好的抗干扰能力；驱动电路应具有适当的保护功能；驱动电路应简单、可靠、体积小、成本低。

2. 功率场效应管驱动电路

（1）栅极直接驱动电路。图 2.25 所示为 GTO 栅极直接驱动电路。其中，图 2.25（a）为 TTL 直接驱动电路，控制信号经 TTL 电路放大后直接驱动 GTO 功率元件；图 2.25（b）为推挽式驱动电路，控制信号经 TTL 放大后再输入由 VT_1、VT_2 构成的推挽式功率放大电路，驱动 GTO 元件，可提高其驱动能力；图 2.25（c）为快速开通驱动电路。

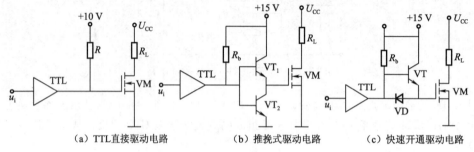

（a）TTL直接驱动电路　　　（b）推挽式驱动电路　　　（c）快速开通驱动电路

图 2.25　功率场效应管栅极直接驱动电路

（2）栅极隔离驱动电路。该电路采用了光耦合器射极输出、VT_1 的贝克钳位和 VT_2 基极的加速网络，大大提高了开关速度，如图 2.26 所示。

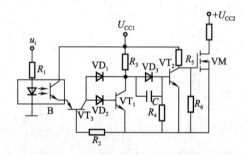

图 2.26　功率场效应管栅极隔离驱动电路

2.2.4　绝缘栅双极晶体管驱动电路

1. 驱动电路的基本要求

绝缘栅双极晶体管（IGBT）对驱动电路有一些特殊的要求，驱动电路性能的优劣是其可靠工作、正常运行的关键，设计合理的驱动电路应满足如下基本要求：

（1）驱动电路为 IGBT 提供一定幅值的正反向栅极电压 U_{GE}。理论上 $U_{GE} \geqslant U_{GE(th)}$ 时，IGBT 即可导通；当 U_{GE} 太大时，可能引起栅极电压振荡，损坏栅极。正向 U_{GE} 越大，IGBT 器件的 U_{GES} 越小，越有利于降低器件的通态损耗，但也会使 IGBT 承受短路电流的时间变短，使续流二极管反向恢复电压增大。因此，正向偏压要适当，一般不允许 U_{GE} 大于 + 20 V。关断 IGBT

时，必须为 IGBT 提供 $-15 \sim -5$ V 的反向 U_{GE}，以便尽快抽取 IGBT 器件内部的存储电荷，缩短关断时间，提高 IGBT 的耐压和抗干扰能力。

（2）IGBT 处于主电路位置，它的集电极直接接较高的工作电压，而驱动电路工作电压低，因此驱动电路应具有对地电位浮动的直流供电电源。故要求驱动电路具有隔离输入/输出信号的功能，同时要求在驱动电路内部，信号传输无延时或延时很短。

（3）在栅极回路中必须串联合适的电阻器 R_G，用于控制 U_{GE} 的前后沿陡度，进而控制 IGBT 器件的开关损耗。R_G 增大，U_{GE} 前后沿变缓，IGBT 开关过程延长，开关损耗增加；R_G 减小，U_{GE} 前后沿变陡，IGBT 开关损耗降低，同时集电极电流变化率增大。较小的栅极电阻使得 IGBT 开通时的 $\mathrm{d}i/\mathrm{d}t$ 变大，导致较高的 $\mathrm{d}u/\mathrm{d}t$，增加了续流二极管恢复时的浪涌电压。因此，在设计栅极电阻时要兼顾到这两个方面的问题。

（4）驱动电路应具有过电压保护和 $\mathrm{d}u/\mathrm{d}t$ 的保护能力。通常用两个极性相反的齐纳稳压二极管串联组成限幅器，确保 IGBT 基极不被击穿。由于 IGBT 的安全工作区域较宽，在一些电路中不设缓冲电路。

（5）当发生短路或过电流故障时，理想的驱动电路还应该具备完善的短路保护能力。通常采用检出过电流信号，切断 IGBT 栅极信号来进行保护。

（6）IGBT 驱动电路应尽可能简单、实用，最好自身带有对被驱动 IGBT 的完整保护能力，并具有很强的抗干扰性能，其输出阻抗尽可能低，到 IGBT 模块的引线应尽可能短，引线应采用绞线或同轴电缆屏蔽线。

2. 栅极驱动功率

对于大功率的绝缘栅功率器件，由于栅极电容 C_{GE} 较大（$1 \sim 100$ nF，甚至更大）以及栅极–集电极的米勒电容 C_{GC}，因此需要较大的栅极驱动功率。

IGBT 消耗来自栅极电源的功率，其功率受栅极驱动负、正偏置电压差值 ΔU_{GE} 以及栅极总电荷 Q_G、工作频率 f_S 的影响。驱动电路电源的最大峰值电流 I_{GPK} 为

$$I_{GPK} = \pm (\Delta U_{GE}/R_G) \tag{2.6}$$

驱动电路电源的平均功率 P_{AV} 为

$$P_{AV} - \Delta U_{GE} Q_G f_S \tag{2.7}$$

驱动电路电源应稳定，能够提供足够高的正负栅压，应有足够的功率，以满足栅极对驱动功率的要求。在大电流应用场合，每个栅极驱动电路最好都采用独立的分立绝缘电源。通常选取 $U_{GE} \geqslant D U_{GE(th)}$（系数 D 可取 1.5，2，2.5，3）。当 $U_{GE(th)} = 6$ V，系数 D 为 1.5、2、2.5、3 时，U_{GE} 分别为 9 V、12 V、15 V、18 V。一般栅极驱动电压 U_{GE} 取 12～15 V 为宜，12 V 最佳。IGBT 关断时，栅极加负偏压，以提高抗干扰能力和承受 $\mathrm{d}u/\mathrm{d}t$ 的能力。栅极负偏压一般为 -10 V。

3. 栅极电阻

选择适当的栅极串联电阻对 IGBT 栅极驱动相当重要。IGBT 的导通和关断是通过栅极电路的充放电来实现的，因此栅极电阻值将对 IGBT 的动态特性产生极大的影响。数值较小的电阻使栅极电容器的充放电速度较快，从而减小开关时间和开关损耗。所以，较小的栅极电阻增强了器件工作的耐固性，但它只能承受较小的栅极噪声，并可能导致栅极–发射极电容和栅极驱动导线的寄生电感产生振荡。

（1）当 R_G 增大时，可抑制栅极脉冲前后沿的陡度和防止振荡，减小 IGBT 开关开通时的 $\mathrm{d}i/\mathrm{d}t$，减小 IGBT 集电极的尖峰电压；但当 R_G 增大时，IGBT 开关时间延长，开关损耗加大。

（2）当 R_G 减小时，减小了 IGBT 开关时间，降低了开关损耗；但 R_G 太小时，会导致 IGBT 栅极、发射极之间振荡，IGBT 集电极 di/dt 增加，引起 IGBT 集电极产生尖峰电压，损坏 IGBT。应根据 IGBT 的电流容量和电压额定值和开关频率选取 R_G 值（如 10 Ω、15 Ω、27 Ω 等），并在 IGBT 的栅极和发射极之间并联一个 $R_{GE} \approx 10$ kΩ 的电阻器。

4. 栅极驱动电路形式

栅极驱动电路有多种形式，以驱动电路与 IGBT 连接方式分为直接驱动、隔离驱动和集成化驱动。

（1）直接驱动电路。栅极驱动电路与 IGBT 栅极直接连接称为直接驱动电路。由于 IGBT 的输入阻抗高，故可采用直接驱动电路。通常此种驱动方式用于 IGBT 输出功率不太高的情况。

（2）隔离驱动电路。当 IGBT 构成的主电路输出较大的功率时，IGBT 的集电极电压很高，发射极不一定直接与公共地连接。控制电路与驱动电路仍为低电压供电，此种情况驱动电路与主电路之间不应直接连接，而应通过隔离元件间接传送驱动信号。根据所用隔离元件的不同，把隔离驱动电路分为电磁隔离电路与光电隔离电路。

① 用脉冲变压器作为隔离元件的隔离驱动电路称为电磁隔离电路。

② 用光耦合器把控制信号与驱动电路加以隔离的隔离驱动电路称为光电隔离电路。由于光耦合器构成的驱动电路具有线路简单、可靠性高、开关性能好等特点，故在 IGBT 驱动电路的设计中广泛应用。驱动光耦合器的型号很多，所以选用余地也很大。

（3）集成化驱动电路。集成化驱动电路实质上均属于隔离驱动电路，且采用光隔离电路居多。厚膜驱动电路是在阻容元件和半导体技术的基础上发展起来的一种混合集成化驱动电路。利用厚膜技术在陶瓷基片上制作模式元件和连接导线，将驱动电路的各元件集成在一块陶瓷基片上，使之成为一个整体部件。使用厚膜驱动电路给设计、布线带来了很大的方便，可提高整机的可靠性和批量生产的一致性，同时也加强了技术保密性。目前国内市场较多的是富士公司的 EXB 系列和三菱公司的 M579 系列集成化驱动电路。

5. M57962L 驱动电路

（1）M57962L 内部结构。M57962L 是专用于 IGBT 模块的驱动电路，其内部集成了退饱和、检测和保护单元，当发生过电流时能快速响应，但慢关断 IGBT，并向外部电路给出故障信号。它输出正驱动电压 +15 V，负驱动电压 −10 V。内部结构如图 2.27（a）所示，由光耦合器、接口电路、检测电路、定时复位电路及门关断电路组成。M57962L 是 N 型沟道大功率 IGBT 模块的驱动电路，能驱动 600 V/400 A 和 1 200 V/400 A 的 IGBT。

（2）M57962L 特点：

① 采用快速型光耦合器实现电气隔离，适合 20 kHz 的高频开关运行。光耦合器一次侧已串联限流电阻器（约 185 Ω），可将 5 V 的电压直接加到输入端，具有较高输入与输出隔离度（$U_{iso} = 2\ 500$ V，有效值）。

② 采用双电源供电方式，以确保 IGBT 可靠通断。如果采用双电源驱动技术，其输出负栅极电压比较高。电源电压的极限值为 +18 V/ −15 V，一般取 +15 V/ −10 V。

③ 内部集成了短路和过电流保护电路。M57962L 的过电流保护电路通过检测 IGBT 的饱和压降来判断是否过电流，一旦过电流，M57962L 将对 IGBT 实施软关断，并输出过电流故障信号。

④ 输入端为 TTL 门电平，适于单片机控制。信号传输延迟时间短，低电平转换为高电平

的传输延迟时间，以及高电平转换为低电平的传输时间都在 1.5 μs 以下。

（3）M57962L 实际应用电路。采用 M57962L 驱动 IGBT 模块的实际应用电路如图 2.27（b）所示。供电电源采用双电源供电方式，正电压为 +15 V，负电压为 −10 V。当 IGBT 模块过载（过电压、过电流），集电极电压上升至 15 V 以上时，隔离二极管 VD_1 截止，M57962L 模块的 1 引脚为 15 V 高电平，则将 5 引脚置为低电平，使 IGBT 截止，同时将 8 引脚置为低电平，使光耦合器工作，进而使得驱动信号停止；稳压二极管 VS_1 用于防止 VD_1 击穿而损坏 M57962L；R_1 为限流电阻器。VS_2、VS_3 组成限幅器，以确保 IGBT 的基极不被击穿。

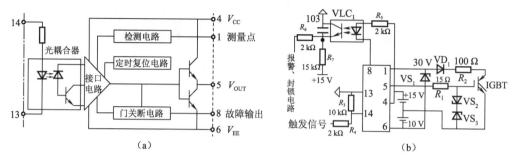

图 2.27　M57962L 驱动电路

6. 门极驱动光耦合器 HCPL-316J 驱动电路

（1）HCPL-316J 内部结构。HCPL-316J 是 Agilen 公司生产的一种光电耦合驱动器件，其特点是：内部集成集电极-发射极电压（U_{CE}）欠饱和检测电路及故障状态反馈电路具备过电流软关断、高速光耦隔离、欠电压锁定、故障信号输出的功能，兼容 CMOS/TTL 电平，采用三重复合达林顿功率管集电极开路输出，可驱动 150 A/1 200 V 的 IGBT，最大开关时间 500 ns。"软" IGBT 关断，工作电压范围为 15~30 V。DSP 控制器与该器件结合可实现 IGBT 的驱动，使得 IGBT 欠饱和检测结构紧凑、低成本且易于实现，同时满足了宽范围的安全与调节需要。其内部结构如图 2.28 所示。

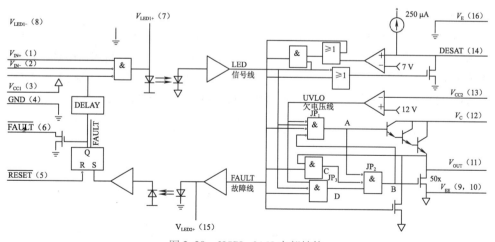

图 2.28　HCPL-316J 内部结构

（2）HCPL-316J 电路结构。驱动电路结构如图 2.29 所示。电路主要由输入脉冲整形及故障反馈输出电路、光耦隔离输出电路和隔离 DC/DC 变换器三部分组成。输入脉冲整形及故障反馈输出电路主要是对输入信号进行缓冲、整形和短脉冲抑制，以提高输入信号的波形质量；

光耦隔离输出电路实现了控制电路和主电路的电气隔离,降低了驱动电路输出阻抗;隔离DC/DC 变换器提供 15 V 和 9 V 的 IGBT 门极驱动电压,加大了 IGBT 的安全工作区,以利用好HCPL-316J 的过电流保护、故障状态反馈等功能。

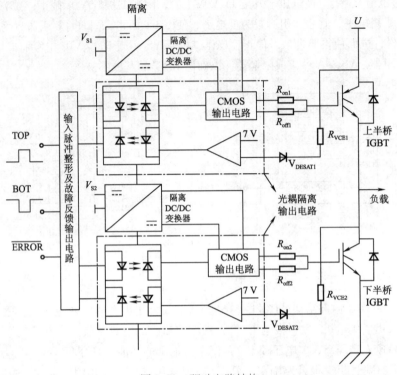

图 2.29 驱动电路结构

（3）输入脉冲整形电路。一般情况下,控制器输出的 PWM 信号不能直接作为光耦合器HCPL-316J 的输入信号,容易造成 IGBT 的误导通,因此需要对输入脉冲进行整形和抗干扰处理。图 2.30 即为输入脉冲整形电路,其中 $D_1 \sim D_5$ 为施密特触发器,选用 CD40106B 集成芯片,正常工作时,上半桥 PWM 控制信号 TOP（下半桥 PWM 控制信号 BOT）经过 D_1、D_2（D_3、D_4）缓冲,作为 HCPL-316J 的 V_{IN+} 端输入信号,减小了驱动电路输入阻抗,提高了脉冲边沿陡峭度。为避免输入信号中的尖峰脉冲使 IGBT 误导通,在 D_1、D_3 的输入端和 D_2、D_4 的输出端之间连接小电容器 C_1、C_2,可以有效地滤除宽度小于 500 ns 的干扰短脉冲。

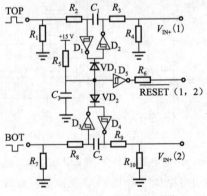

图 2.30 输入脉冲整形电路

如果电路发生故障，HCPL-316J 自动关断 IGBT，并向 PWM 控制器发出故障信号，PWM 控制器锁定输出。当故障排除后，HCPL-316J 要求通过对 RESET 端置低电平来复位。本电路充分利用 CD40106B 多路输入/输出的特点，通过将 TOP 和 BOT 信号同时置低电平完成复位操作。当 TOP 和 BOT 同时为低电平时，二极管 VD_1、VD_2 同时截止，+15 V 电源通过电阻器 R_5 对电容器 C_3 充电。选择合适的 R_5 和 C_3，可以设定当充电时间为 10 s 时，C_3 电压达到 9.5 V，根据 CD40106B 的输入/输出特性，D_5 输出低电平，HCPL-316J 复位。而在正常情况下，由于 TOP 和 BOT 两路信号互补，二极管 VD_1、VD_2 必有一个导通，D_5 输入端总为低电平，所以 RESET 端保持高电平。

（4）光耦隔离输出电路。如图 2.31 所示，其中 C、G、E 分别对应 IGBT 的集电极、栅极和发射极。电路主要由 HCPL-316J 芯片和 CMOS 输出电路组成。为了防止同一桥臂的上、下管同时导通而引起 IGBT 直通烧毁，在硬件电路上采用了一端为控制信号，另一端接地的方式。每一个 HCPL-316J 芯片都由引脚 V_{IN+} 作为控制信号，引脚 V_{IN-} 全部接地，同时通过控制电路实现死区时间设置来保证上、下管不能直通。正常工作时，HCPL-316J 芯片 V_{IN+} 端与 V_{OUT} 端保持输入/输出的同步同相，响应时间小于 500 ns。驱动输出级电路采用 MOSFET 晶体管互补电路的形式，以降低驱动源的内阻，同时可加速 IGBT 的关断过程。其工作原理是：当 V_{OUT} 端输出高电平时，VD_7 导通，VD_8 截止，$U_{GE} = 15$ V，IGBT 开通；当 V_{OUT} 端输出低电平时，VD_7 截止，VD_8 导通，$U_{GE} = 9$ V，IGBT 关断。MOSFET 的源极分别和外部端子进行连接，这样即可通过分别串联的 R_{on} 和 R_{off} 调节 IGBT 的开通和关断速度。

由于 IGBT 栅极耐压约 ±20 V，超出该值易将其击穿而造成损坏，为防止强电磁干扰感应出高电压和栅极电路出现振荡，同时为降低输入阻抗，故在栅极与发射极之间并联箝位电阻器 R_{13} 和 15 V 双向稳压管 VD_6。其中，+15 V 和 −9 V 电压由内置隔离 DC/DC 变换器提供。

（5）欠电压和过电流保护。光耦合器 HCPL-316J 内置 IGBT 检测及保护功能，使驱动电路设计起来更加方便、安全可靠。当 V_{CC2} 低于 13 V 时，HCPL-316J 中 UVLO 保护和 DESAT 保护同时激活（见图 2.28），使输出一直保持在低电位，封锁 IGBT，以免在过低的栅-射电压下 IGBT 导通烧毁。当 V_{CC2} 超过 13 V 时，退出保护。当 IGBT 在导通时发生过电流，由于 IGBT 的固有特性，U_{CE} 急剧升高，快恢复二极管 VD_4 检测 U_{CE} 的值，如果超过设定的 U_{CE} 保护电压，则 DESAT 端输入电压大于 7 V，退饱和保护电路开始工作，HCPL-316J 锁定低电平输出，关断 IGBT，同时 FAULT 端输出低电平，通过集电极开路三极管外接上拉电阻器输出报错信号。电路如图 2.32 所示。

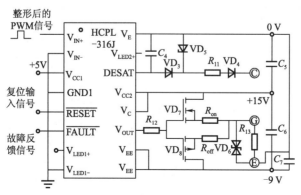

图 2.31　光耦隔离输出电路

在 HCPL-316J 芯片的 DESAT 端与 V_E 端并联稳压管 VD_5，避免了过电流时 U_{CE} 过大，造成 DESAT 端输入电压过高，损坏 HCPL-316J。U_{CE} 保护电压可以通过改变 DESAT 端快恢复二极管的个数来实现。由 $U_{DESAT} = nU_{VD5} + U_{CE}$（$n$ 为二极管的个数），所以 $U_{CE} = 7V - nU_{VD5}$。通过增加或减少二极管的个数，可改变 U_{CE} 的值。U_{CE} 的值太大，二极管发热严重，保护起不到作用，U_{CE} 过小会引起保护频繁动作，不利于系统稳定工作。因此，应该根据实际情况合理选择 U_{CE} 的值。光耦合器 HCPL-316J 的过电流保护具有自锁功能，并可设定保护盲区，能有效防止 IG-BT 在工作中瞬时过电流而使保护误动作。

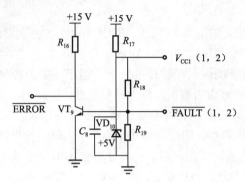

图 2.32　欠电压和过电流保护

2.3　电力器件的保护

晶闸管承受过电压、过电流的能力很差，这是它的主要缺点。晶闸管的热容量很小，一旦发生过电流时，温度急剧上升，可能将 PN 结烧坏，造成元件内部短路或开路。例如，一只 100 A 的晶闸管过电流为 400 A 时，仅允许持续 0.02 s，否则将因过热而损坏。晶闸管耐受过电压的能力极差，电压超过其反向击穿电压时，即使时间极短，也容易损坏。若正向电压超过转折电压时，则晶闸管误导通，导通后的电流较大，使器件受损。

2.3.1　晶闸管的保护

1. 晶闸管的过电流保护

（1）快速熔断器保护。电路中加快速熔断器，当电路发生过电流故障时，它能在晶闸管过热损坏之前熔断，切断电流通路，以保证晶闸管的安全。快速熔断器的接入方式如图 2.33 所示。

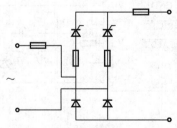

图 2.33　晶闸管过电流保护电路

（2）过电流继电器保护。在输出端（直流侧）或输入端（交流侧）接入过电流继电器，当电路发生过电流故障时，继电器动作，使电路自动切断。

（3）过电流截止保护。在交流侧设置电流检测电路，利用过电流信号控制触发电路。当电路发生过电流故障时，检测电路控制触发脉冲迅速后移或停止产生触发脉冲，从而使晶闸管导通角减小或立即关断。

2. 晶闸管的过电压保护

（1）阻容保护。利用电容器吸收过电压，其实质就是将造成过电压的能量变成电场能量存储到电容器中，然后释放到电阻器中消耗掉。

（2）硒堆保护。在晶闸管输入电路两端并联一个双向硒堆，限制输入到晶闸管整流电路的电压，起到过电压保护作用。

晶闸管过电压保护电路如图 2.34 所示。

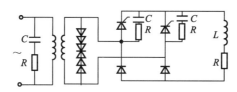

图 2.34　晶闸管过电压保护电路

2.3.2　电力晶体管的保护

1. 电力晶体管应用中存在的问题

（1）失效率高。大功率电力晶体管（GTR）是一种双极型高反压大功率晶体管。它具有自关断能力、开关时间短、饱和压降低和安全工作区宽等优点，广泛应用于电力电子技术领域。由于 GTR 的工作电流和功耗大，因此易出现基区大注入效应、基区扩展效应、发射极集边效应等，加上工作条件恶劣，失效率较高。

（2）GTR 易损坏。由于 GTR 驱动电路及其基极驱动电流幅度不足，波形前沿过缓等现象，直接影响到 GTR 的开关过程，从而影响到 GTR 的可靠性及逆变器的输出波形质量，导致由GTR 构成的逆变器存在两个问题：

① GTR 易损坏，变频器可靠性差；

② 逆变器输出波形正弦畸变率较大，所带电动机出力低、噪声大、发热严重。

（3）基极"毛刺"现象。同一桥臂的另一晶体管在开关动作时形成的 dv/dt 引起的基极电流将导致 GTR 瞬态导通，并与续流二极管的反向恢复电流一起形成较大的电流冲击，而此时 GTR 开通并不充分，损耗较大，尤其是当基极引脚过长，产生分布电感效应引起 di/dt 基极电流振荡时，会使 GTR 反复导通、截止，不能进入正常驱动状态，导致 GTR 损坏。续流二极管续流开通引起的"毛刺"，使 GTR 工作在一个反通晶体管状态。这种工况虽然对驱动电路和器件无立即损坏的危险，但因晶体管反向工作特性较差，长期运行于这种状态会影响 GTR 的使用寿命。

2. 保护措施

（1）基极"毛刺"消除措施。消除 dv/dt 引起的"毛刺"可采用结电容 C_{bc} 小的器件；降低反偏可关断晶闸管的保护电源的内阻 R_r；适当地降低开关速度；设置开通缓冲电路。消除分布电感效应引起的"毛刺",首先应尽量减小驱动线路电感,在无法降低时可在反偏驱动回路中串联一个肖特基二极管以阻塞振荡。消除反向导通产生的"毛刺"可用快速二极管作续流管,以降低 U_P 或适当地提高反偏电压 U_{fp} 的数值,或选用带信号屏蔽功能的 GTR。

（2）快速保护电路。如图 2.35 所示,设定 GTR 的 I_c 过电流的保护阈值,分别对 V_{CES} 和 V_{BES} 进行监测,无论哪一个量超过阈值,都将产生保护。由光耦合器 TIL117 构成输出电路,过电流保护信号使光电晶体管饱和导通,控制 GTR 的驱动管截止,使 GTR 失去基极电流而进入反向安全工作区。当然,从 TIL117 的输入和输出还可以引出过电流信号控制其他的保护电路或报警指示电路。比较器 IC1A 和 IC1B 分别构成 V_{BES} 和 V_{CES} 的检测电路。在 IC1B 的同相输入端加上 V_{CES} 比较基准电压,即 GTR 的 V_{CES} 的阈值 $V_{CEV} = 2.2 \sim 2.4$ V,GTR 正常工作时,比较器 IC1B 的反向输入端电位约为 1.7 V,而在截止期则为 12 V。所以截止期将出现误判断。为使 V_{CES} 的判断只对正向导通期有效,增加一过零比较器 IC1C 作为 GTR 工作状态检测,IC1C 输出高电平表示 GTR 工作于正向驱动的饱和导通状态。而 IC1D 具有逻辑与功能,使检测电路只有在 GTR 正向导通且 $V_{CES} > V_{CEV}$ 时才有输出。最后,GTR 从截止过渡到导通饱和须经过一个下降时间（3.5 μs）,在此过渡过程,V_{CE} 仍保持大于 V_{CEV},但保护电路不应动作,为此在过零比较器的输出端增加 RC 延时电路（R_{15},C_2,VD_7）,使送到 IC1D 同相端（LM339 的⑦引脚）刚好套在⑥引脚波形中。

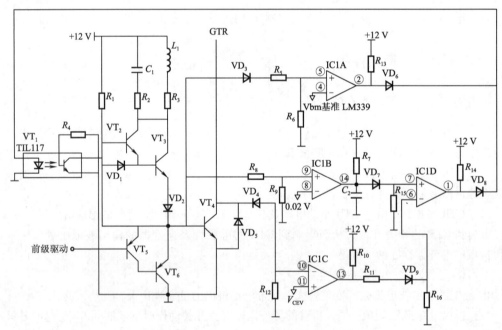

图 2.35　快速保护电路

2.3.3　功率场效应管的保护

1. 静电保护措施

功率场效应管器件应存放在抗静电包装袋、导电材料袋或金属容器中,不能存放在塑料袋中。取用器件时,只能接触管壳部分,工作人员要通过腕带接地。接入电路时,工作台应接地,焊接的烙铁也必须良好地接地或断电焊接。测试器件时,测量仪器和工作台都要良好地接地。

2. 栅–源过电压保护

当栅–源间的阻抗过高时，则漏–源间电压 U_{DS} 的突变会通过极间耦合到栅极，产生相当高的电压脉冲。例如 U_{DS} 的 300 V 的突变，在最恶劣的环境下会引起大约 50 V 的栅极电压尖峰，这一电压会引起栅极氧化层击穿，造成永久性损坏，而且正方向的 U_{CS} 瞬态电压会导致器件的误导通。解决的办法是要适当降低栅极驱动电路的阻抗，在栅–源之间并联阻尼电阻器或并联约 20 V 的齐纳二极管。特别要防止栅极开路工作。

3. 开关过程的漏–源过电压保护

如果器件接有感性负载，则当器件关断时，漏极电流的突变（di/dt）会产生比外电源还高的漏极尖峰电压，导致功率 MOSFET 遭受瞬态过电压而损坏。器件关断越快，产生的过电压越高。由于电感在实际电路中总是不同程度地存在着，因此器件关断时总存在感生瞬态过电压的危险。当然通常主电感元件都是被钳位的，如图 2.36 所示，但是电路杂散电感 L_s 仍然存在，瞬态过电压仍将发生。为防止器件损坏，首先应仔细地进行电路布局，把残留的杂散电感降低到最小；其次应采取一些保护措施，如图 2.36（a）和图 2.36（b）分别为采用二极管–RC 钳位和 RC 缓冲电路的功率 MOSFET。

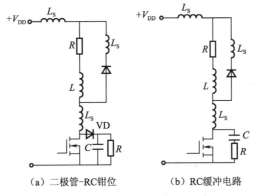

（a）二极管-RC钳位　　　（b）RC缓冲电路

图 2.36　漏–源过电压保护电路

4. 过电流保护

在实际电路中，如光、电、热和电动机类负载，若不加以限制就会产生很大的冲击电流。如当功率 MOSFET 突然与导通的续流二极管接通时，由于二极管的反向恢复作用，会产生很大的瞬态电流，解决这个问题的办法是选用快恢复二极管，以限制续流二极管的峰值反向恢复电流。

如果负载太大，以致超过器件的最大峰值电流额定值时，应使功率 MOSFET 迅速关断。一般可采用电流互感器和控制电路使器件回路迅速断开。在脉冲应用时，不仅要保证峰值电流不超过额定峰值电流，而且还要保证它的有效值电流小于器件的额定最大连续电流。

5. 防止过热

功率 MOSFET 是一种受热限制的功率器件。结温过高会使功率 MOSFET 损坏，因此必须安装在散热器上，使其在最大耗散功率和最高环境温度的最坏情况下，结温仍低于额定值

（150 ℃）。另外，也可采取检测结温来防止过热。如果结温高于某个值（例如100 ℃），则应该采取关断措施。检测结温一般是根据功率 MOSFET 的通态电阻 R_{on} 随结温上升而增大的性质，在漏极电流一定的情况下，通态电阻值是和管压降成正比的，所以检测管压降就能检测到结温的情况。

2.3.4　绝缘栅双极晶体管的保护

在 IGBT 的应用中，过电流保护是其中的一项关键技术。过电流保护电路不仅关系到 IGBT 本身的工作性能和运行安全，也影响到整个系统的工作性能及运行安全。IGBT 常见的损坏原因有：过热、栅极过电压、U_{EC}（IGBT 集电极-发射极电压）或 dU_{EC}/dt 超限、过电流等。考虑到 IGBT 高压、大电流的应用场合，过电流损坏的出现频率最高，相应的过电流保护电路也最为复杂。

1. IGBT 过电流保护电路要点

（1）IGBT 的特性。IGBT 能承受很短时间的短路电流，且较低的栅极驱动电压能降低短路电流并延长器件的短路承受时间。过电流保护电路必须在这段时间内完成过电流检测并减小或截断 IGBT 的集电极电流。IGBT 为四层结构，体内存在一个寄生晶体管，当流过 IGBT 的电流过大或 dU_{EC}/dt 过高，将导致寄生晶体管开通，使栅极失去对集电极电流的控制作用，即产生所谓的锁定效应。过电流保护电路必须避免 IGBT 产生锁定效应。IGBT 的 MOS 沟道受栅极驱动电压的直接控制，而 MOSFET 部分直接影响 IGBT 的通断特性。栅极驱动电路的阻抗包括栅极驱动电路的内阻抗和栅极串联电阻两部分，影响着驱动波形的上升、下降速率。所以，栅极电阻影响 IGBT 的开关时间、电压电流的变化率。

（2）IGBT 过电流检测。对于 IGBT 的过电流保护，关键是通过适当的方式检测 IGBT 是否存在过电流，存在什么性质的过电流，通常可通过检测集电极电流、负载电流、U_{CE} 电压等方法及时发现 IGBT 是否存在过电流。检测集电极电流可用电阻器或电流互感器一次［侧］与 IGBT 串联直接检测 IGBT 集电极电流，当发生过电流时，封锁驱动信号；当负载短路或负载电流超出额定值时，也可能使前级的 IGBT 集电极电流增大，导致 IGBT 损坏。在负载处检测到过电流发生时，控制 IGBT 关断，达到保护 IGBT 的目的，是一种间接的检测方法。检测 U_{CE} 电压，U_{CE} 在数值上等于集电极电流与器件通态阻抗的乘积，因此一旦 IGBT 过电流，U_{CE} 会随着集电极电流的增大而增大。根据这一特性，可以通过检测 U_{CE} 来判断 IGBT 是否过电流。另外，通过这种检测方式可以检测 IGBT 是否退饱和。当 IGBT 的栅极电压过低时，IGBT 会退出饱和区而进入放大区，使器件的开关损耗急剧增大而导致热损坏。IGBT 的退饱和会引起 U_{CE} 的上升，检测电路将其判定为过电流而关断 IGBT，避免退饱和以至损坏 IGBT。

2. IGBT 过电流保护电路

IGBT 的过电流保护电路可以分为两类：低倍数（1.2~2 倍）的过载保护和高倍数（8~10 倍）的短路保护。过载可分为持续性的输出过载和 IGBT 开通时的短暂尖峰电流过载。为方便分析电路的工作原理，假设所有电路均默认控制信号、驱动信号低电平开通 IGBT，过电流信号低电平有效，封锁信号高电平有效。

（1）输出过载保护电路。对于输出过载，保护电路不必有很高的响应速度，并且可采用集中式的保护策略，过电流时封锁所有 IGBT 的驱动信号直至控制电路给出复位信号。输出过载保护电路如图 2.37 所示。当过电流时，比较器的输出由高电平转变为低电平，与非门输出

高电平使 VT_3 导通，过电流信号变为低电平并自锁。过电流信号可以反馈给控制电路封锁驱动信号。当手动按下 S_1 或控制电路给出复位信号，都会使 VT_2 导通，VT_3 重新截止，过电流信号恢复高电平。此时，只要过电流故障消除，驱动信号就能恢复对 IGBT 的控制。

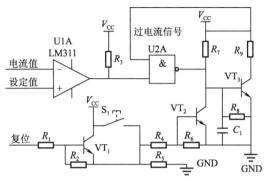

图 2.37　输出过载保护电路

（2）尖峰电流保护电路。当 IGBT 开通时可能因电路结构（如 IGBT 后级存在大容量电容器）而产生尖峰电流，并且出现的频率接近 IGBT 的工作频率。针对尖峰电流的保护电路可以分为：时间封锁电路和脉冲封锁电路。前者对驱动信号的封锁只持续固定的时长，在保证 IGBT 完全关断后，如果开通信号依然存在则会再次开通 IGBT；后者在下一个开通信号到来前对驱动信号保持封锁。时间封锁电路的原理图如图 2.38 所示。当尖峰电流超过阈值时，比较器输出翻转，VT_1 导通，C_1 完成充电，封锁信号变成高电平。IGBT 关断后，电流值下降，比较器输出恢复正常时的低电平，VT_1 截止，C_1 通过 R_2 及比较器放电，在 C_1 电压下降到或门的输入低电平阈值电压（约 0.7 V）之前，封锁信号将维持在高电平。通过调节 C_1 的放电时间就能控制封锁信号的持续时间。

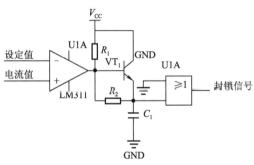

图 2.38　时间封锁电路的原理图

脉冲封锁电路的原理图如图 2.39 所示。当尖峰电流超出设定值时，比较器输出变为低电平（若系统正常，驱动信号此时应为低电平），VT_3 导通，C_1 放电，VT_1 截止，封锁信号变为高电平。VT_1 保持截止状态直到驱动信号变为高电平使 VT_2 导通对 C_1 充电，VT_1 导通，封锁信号变为低电平，下一次的开通将不受影响。使用或门是为了避免 VT_2、VT_3 同时导通。

（3）短路保护电路。低倍数的过载发生时，可通过直接关断 IGBT 来达到保护的目的，但是在短路电流出现时，为避免 IGBT 关断时产生较大的 di/dt 引起过电压和锁定效应损坏IGBT，通常采用降栅压和软关断综合保护技术：当检测到短路时，立即降低栅压以降低短路电流峰值并提高 IGBT 的短路承受能力，在栅压降低后延时一段时间以判别短路故障的真实性，如果短路依然存在，则对 IGBT 实施软关断并启动降频保护，如果故障消失，则恢复正常的栅压。

这样，短路电流的幅值和 di/dt 都能受到限制，IGBT 的集电极电流和 U_{CE} 都运行于安全范围之内，使 IGBT 不至于因有限次的保护而损坏，并且具有一定的抗干扰能力。

IGBT 短路保护电路如图 2.40 所示。该电路通过检测 U_{CE} 识别短路故障，并在短路发生时通过降栅压、降频、软关断保护 IGBT。正常工作时，故障检测二极管 D_1 导通，将 a 点的电压钳位在稳压二极管 VD_1 的击穿电压以下，VT_1 保持截止状态，光耦合器 U_1 截止，过电流信号为高电平，VT_4 导通，C_3 保持在高电平，反相器输出低电平，VT_9 导通，C_5 完全放电，即过电流信号、软关断控制、降频控制都不对控制信号进行封锁，控制信号即驱动信号。电容器 C_1 为电路正常时硬开关提供短暂的延时，使得 VT_3 开通时 U_{CE} 有一定的时间从关断时的高压下降至通态压降，而不使保护电路动作。

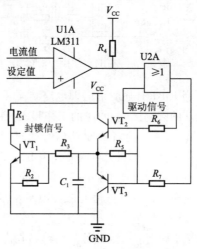

图 2.39　脉冲封锁电路的原理图

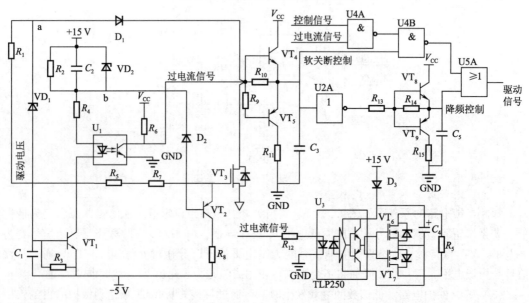

图 2.40　IGBT 短路保护电路

当发生过电流故障时，VT_3 的 U_{CE} 上升，a 点电位随之上升，到一定值时，VD_1 击穿，VT_1 导通，过电流信号随着光耦合器 U_1 导通变为低电平。并且 VT_1 导通后 +15 V 通过 R_4 对 C_2 充电，b 点电位下降。当 b 点电压下降约 1.4 V 时，VT_2 导通，栅极电压随 C_2 的充电开始下降。通过调节 C_2 和 R_4 的值可以控制电容器的充电速率，进而控制发生过电流至降栅压的延时及栅极电压的下降速率。当电容器充电至 VD_2 的击穿电压时，VD_2 击穿，b 点电位不再下降，栅极电压也被钳位在一固定值上，降栅压过程结束。

当电路启动降栅压保护后，过电流信号通过 U4A 与非门封锁控制信号，以避免控制信号在过电流故障时对 IGBT 进行硬关断，保证保护电路能执行一个完整的慢降栅压、软关断的过电流保护程序。

同时，过电流信号变成低电平后 VT_5 开通，C_3 通过 R_{10} 放电，当电压下降至 0.7 V 时，U4B 与非门输出翻转为高电平，驱动信号也立即翻转为高电平进行软关断。C_3 从 V_{CC} 放电至 0.7 V 的这段时间内如果过电流故障消除，则 a 点电位下降，VT_1 恢复截止，C_2 通过 R_2 放电，b 点电位上升，VT_2 恢复截止，栅极电压恢复为 15 V，过电流信号变为高电平，C_3 立刻充电至 V_{CC}，电路恢复正常工作，完成真假过电流的甄别。通过调节 C_3 和 R_{10} 的值可以调节延时的长短。

该电路采用改变关断时栅极电阻的方法来实现过电流时的软关断。当过电流信号变为低电平，VT_6、VT_7 截止，R_5 串入栅极驱动回路中，当 C_3 放电结束，驱动信号变为高电平关断 IGBT 时，因 R_5 的存在，驱动电压的下降速率变慢，实现了 IGBT 的软关断。正常情况下，通过 TLP250 和 C_4 驱动 VT_6、VT_7 将 R_5 短路。

电路启动软关断的同时 U3A 反相器输出高电平，VT_8 导通对 C_5 充电，C_5 上的电压使驱动信号保持为高电平。过电流消除后，VT_9 开通，C_5 通过 R_{13} 放电至 0.7 V 后，控制信号才能恢复对 IGBT 的控制作用。通过选取 C_5、R_{13} 的值使 C_5 的放电周期为 1 s 左右，就能把 IGBT 的工作频率限制在 1 Hz 以下。只要故障消除，电路就能恢复到正常状态。

3. IGBT 关断过电压保护

通常 IGBT 的工作频率较高，因此很小的电路电感就可能引起较大的 $L\mathrm{d}i/\mathrm{d}t$，从而产生过电压，危及 IGBT 的安全。当然通过减小变压器的漏感，合理布线来减小电感对减小 IGBT 的过电压是有利的，但还应该采取各种过电压抑制措施。一般来讲，IGBT 的过电压是由其开关浪涌电压引起的，过电压抑制网络就是为了抑制开关浪涌电压。通常用于 IGBT 的过电压抑制电路有以下几种，如图 2.41 所示。图 2.41（a）适用于小功率的 IGBT 模块，由于电路中无阻尼元件，易产生 LC 振荡，故应选择无感电容器或串联 R_s。图 2.41（b）是把 RCD 吸收电路作用于两只 IGBT 组成的模块上，虽然电路简单，但吸收功能较单独使用 RCD 时差。图 2.41（c）是钳位式 RCD 缓冲电路（电阻、电容、二极管构成的缓冲电路），它将电容器上过充能量部分送回电源，因此损耗较小，是较为理想的大功率 IGBT 的缓冲电路。

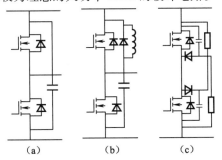

图 2.41 IGBT 关断过电压保护电路

练　习

1. IGBT、GTR、GTO 和电力 MOSFET 的驱动电路各有什么特点？

2. 全控型器件缓冲电路的主要作用是什么？试分析 R_{CD} 缓冲电路中各元件的作用。

3. 试说明 IGBT、GTR、GTO 和电力 MOSFET 各自的优缺点。

4. 双向晶闸管有哪几种触发方式？一般选用哪几种？

5. 说明图 2.42 所示电路双向晶闸管的触发方式。

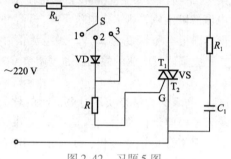

图 2.42　习题 5 图

6. 使用功率 MOSFET 时要注意哪些保护措施？

7. 哪些因素影响可关断晶闸管 GTO 的导通和关断？

8. 试说明集成触发电路的优点。

9. KC04 移相触发器包括哪些基本环节？

10. 试说明 KC41C 的工作原理。

第 3 章

→ 可控整流电路分析

本章简介

可控整流电路包括单相可控整流电路和三相可控整流电路两类。在工程实际中负载的性质是不一样的。有些负载基本上是电阻性质的，如电阻加热炉、电解、电镀等。这种负载的特点是不论流过的负载的电流变化与否，负载两端的电压和通过它的电流总是成正比关系的，两者的波形形状相同。另一种负载，既有电阻性质又有电感性质，如光伏发电系统等。本章将分析各种不同性质负载情况下可控整流电路的工作特点。

3.1　单相可控整流电路

单相可控整流电路主要有单相半波可控整流电路、单相全控桥式整流电路和单相半控桥式整流电路三种形式。

3.1.1　单相半波可控整流电路

用晶闸管组成的可控整流电路有多种形式，电路的负载有电阻、电感及反电动势等。负载不同，电路形式不同，可控整流电路的工作情况也不一样。

1. 电阻性负载

电炉、电焊机及白炽灯等均属于电阻性负载之列。电阻性负载的特点是：负载两端电压波形和流过的电流波形相似，电流、电压均允许突变。

（1）电路组成及电路工作原理。图 3.1 为单相半波电阻性负载可控整流电路及波形图。它由晶闸管 VT、负载电阻 R_d 及单相整流变压器 TR 组成。TR 用来变换电压，将一次［侧］电网电压 u_1 变成与负载所需电压相适应的二次电压 u_2。u_2 为二次［侧］正弦电压瞬时值，$u_2 = U_2 \sin\omega t$；u_d、i_d 分别为整流输出电压瞬时值和负载电流瞬时值；u_T、i_T 分别为晶闸管两端电压瞬时值和流过的电流瞬时值；i_1、i_2 分别为流过整流变压器一次绕组和二次绕组电流的瞬时值。交流电压 u_2 通过 R_d 施加到晶闸管的阳极和阴极两端，在 $0 \sim \pi$ 区间的 ωt_1 之前，晶闸管虽然承受正向电压，但因触发电路尚未向门极送出触发脉冲，所以晶闸管仍保持阻断状态，无直流电压输出，晶闸管 VT 承受全部 U_2 电压。

在 ωt_1 时刻，触发电路向门极送出触发脉冲 u_g，晶闸管被触发导通。若管压降忽略不计，则负载电阻 R_d 两端的波形 u_d 就是变压器二次［侧］电压 u_2 的波形，流过负载的电流 i_d 的波

形与 u_d 相似。由于二次绕组、晶闸管以及负载电阻是串联的，所以 i_d 波形即 i_T 和 i_2 的波形，如图 3.1 所示。

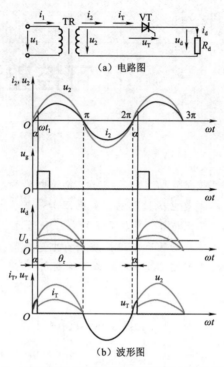

(a) 电路图

(b) 波形图

图 3.1 单相半波电阻性负载可控整流电路及波形图

在 $\omega t = \pi$ 时，u_2 下降到零，晶闸管阳极电流也下降到零，晶闸管关断，电路无输出。

在 u_2 的负半周，即 $\pi \sim 2\pi$ 区间，由于晶闸管承受反向电压而处于反向阻断状态，负载两端电压 u_d 为零。

u_2 的下一个周期将重复上述过程。

在单相半波可控整流电路中，从晶闸管开始承受正向电压，到触发脉冲出现之前的电角度称为触发延迟角或移相角，用 α 表示。晶闸管在一个周期内导通的电角度，用 θ_T 表示，如图 3.1 所示。

在单相半波电阻性负载可控整流电路中，α 的移相范围为 $0 \sim \pi$，对应的导通角 θ_T 的范围为 $\pi \sim 0$，两者关系为 $\alpha + \theta_T = \pi$。从图 3.1 所示波形可知，改变 α 的大小，输出整流电压 u_d 波形和输出电压平均值 U_d 大小也随之改变，α 减小，U_d 就增加；反之，U_d 减小。

（2）各电量的计算。根据平均值定义，输出电压平均值 U_d 为

$$U_d = \frac{1}{2\pi} \int_{\alpha}^{\pi} \sqrt{2} U_2 \sin\omega t \, d(\omega t) = 0.45 U_2 \frac{1 + \cos\alpha}{2} \tag{3.1}$$

由式（3.1）可知，输出电压平均值 U_d 与整流变压器二次 [侧] 交流电压有效值 U_2 和触发延迟角 α 有关；当 U_2 一定后，仅与 α 有关。当 $\alpha = 0$ 时，则 $U_d = 0.45 U_2$ 为最大输出电压；当 $\alpha = \pi$ 时，则 $U_d = 0$。只要改变触发延迟角 α，U_d 就可以在 $0 \sim 0.45 U_2$ 之间连续可调。

输出电流平均值 I_d 为

$$I_d = \frac{U_d}{R_d} \tag{3.2}$$

在选择变压器容量、晶闸管额定电流、熔断器，以及负载电阻的有功功率时，均需要按

有效值计算。

根据有效值的定义，输出电压有效值 U 为

$$U = \sqrt{\frac{1}{2\pi}\int_{\alpha}^{\pi}(\sqrt{2}U_2\sin\omega t)^2 \mathrm{d}(\omega t)} = U_2\sqrt{\frac{\pi-\alpha}{2\pi} + \frac{\sin2\alpha}{4\pi}} \tag{3.3}$$

负载电流有效值 I 为

$$I = \frac{U}{R_d} \tag{3.4}$$

在单相半波可控整流电路中，因晶闸管与负载串联，所以负载电流的有效值也就是流过晶闸管电流的有效值，即晶闸管电流有效值 I_T 为

$$I_T = I = \frac{U}{R_d} \tag{3.5}$$

由图 3.1 中 u_T 的波形可知，晶闸管可能承受的正、反向峰值电压为

$$U_{TM} = \sqrt{2}U_2 \tag{3.6}$$

功率因数为

$$\lambda = \frac{P}{S} = \frac{UI}{U_2 I} = \sqrt{\frac{1}{4\pi}\sin2\alpha + \frac{\pi-\alpha}{2\pi}} \tag{3.7}$$

由式（3.7）可知，功率因数 λ 是 α 的函数。$\alpha = 0$ 时，λ 最大为 0.707，可见单相半波可控整流电路，尽管是电阻性负载，但由于存在谐波电流，变压器最大利用率也仅有 70%。α 越大，λ 越小，设备利用率就越低。

2. 电感性负载

工业应用中如直流电动机的励磁线圈、滑差电动机电磁离合器的励磁线圈以及输出串联平波电抗器的负载等，均属于电感性负载。电感性负载的特点是：流过电感器件的电流不能突变，变化的电流会在电感器中产生自感电动势，其方向总是阻碍着电流的变化。电感性负载的等效电路可用一个电感器和电阻器的串联电路来表示。

（1）电路组成及电路工作原理。单相半波电感性负载可控整流电路及波形图如图 3.2 所示。

在 $\omega t - 0 \sim \omega t_1$ 期间，晶闸管阳极承受正向电压，但此时没有触发信号，晶闸管处于正向关断状态，输出电压、电流都等于零，其波形如图 3.2（b）所示。

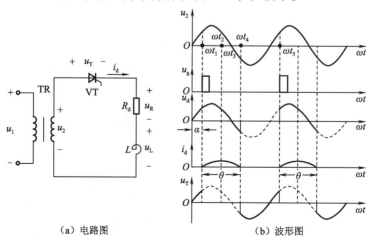

（a）电路图　　　　　　　　　　（b）波形图

图 3.2　单相半波电感性负载可控整流电路及波形图

当 $\omega t = \omega t_1$ 时，门极加触发信号，晶闸管触发导通，电源电压加到负载上，输出电压 $u_d = u_2$。由于电感的存在，负载电流 i_d 只能从零逐渐上升。

在 $\omega t = \omega t_1 \sim \omega t_2$ 期间，输出电流 i_d 从零增至最大值。在 i_d 的增加过程中，电感产生的感应电动势总是阻碍电流增大的，其方向与电流方向相反。电源提供的能量一部分供给负载电阻，一部分为电感器的储能。

在 $\omega t = \omega t_2 \sim \omega t_4$ 期间，负载电流从最大值开始下降，电感产生的感应电动势方向改变，企图维持电流不变，此时电感器释放能量。在 $\omega t = 180°$ 时，交流电压 u_2 过零，由于电感器能量的存在，电感的感应电动势使晶闸管阳极继续承受正向电压而导通，此时电感器储存的磁能一部分释放变成电阻器的热能，另一部分磁能变成电能送回电网。在 $\omega t = \omega t_4$ 时，电感器的储能全部释放完后，$i_d = 0$，正半周，即 $\omega t = 360° + \alpha$ 时，晶闸管再次被触发导通，如此循环反复。u_d、i_d 和 u_T 的波形图如图 3.2（b）所示。

在图 3.2（b）中，由于电感器的作用，负载两端出现负电压，结果使负载电压平均值减少了。电感越大，则维持导电的时间越长，负压部分占的比例越大，使输出直流电压下降得越多。特别是大电感负载（$X_L \geqslant 10R_d$）时，输出电压正负面积趋于相等，输出电压平均值趋于零，如不采取措施，电路则无法满足输出一定直流平均电压的要求。

为了使 u_2 过零变负时能及时关断晶闸管，使 u_d 波形不出现负值，又能给电感器提供一条新的续流通路，可以再负载两端并联二极管 VD，如图 3.3（a）所示。由于该二极管是为电感负载在晶闸管关断时提供续流回路的，故此二极管称为续流二极管，简称续流管。

在电源电压正半波，电压 $u_2 > 0$。晶闸管承受正向电压，在 $\omega t = \alpha$ 处触发晶闸管，晶闸管导通，输出电压 u_d 等于电源电压 u_2，形成负载电流 i_d，此时续流二极管 VD 承受反向电压不导通。

当电源电压变负时，由于电压减少，负载上电感产生的自感电动势使续流二极管 VD 承受正向电压而导通，形成续流回路。此时，电源电压 u_2 通过续流二极管 VD 使晶闸管承受反向电压而关断，负载两端的输出电压为续流二极管的管压降，接近于零，因此不出现负电压。如果电感足够大，续流二极管一直导通到下一个周期，晶闸管导通，使 i_d 连续，且 i_d 波形近似为一条直线。工作波形如图 3.3（b）所示。

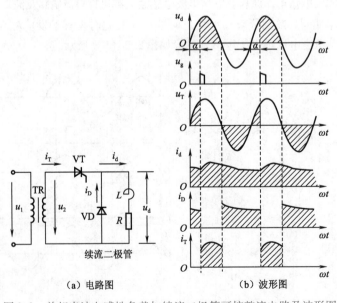

（a）电路图　　　　（b）波形图

图 3.3　单相半波电感性负载加续流二极管可控整流电路及波形图

综上所述，电感性负载加续流二极管后：

① 移相范围和输出电压波形与电阻性负载相同。

② 在电源电压正半波时，负载电流的通路由晶闸管提供，交流电源向负载提供能量，电感器储存能量；在电源电压负半波时，负载电流的通路由续流二极管提供，电感器释放能量。由于电感器的作用，负载电流波形比电阻性负载平稳得多，在负载电感足够大时，负载电流波形连续且近似为一条直线，其值为 I_d。流过晶闸管的电流波形和流过续流二极管的电流波形都是矩形波。

③ 晶闸管的导通角 $\theta_T = 180° - \alpha$，续流二极管的导通角 $\theta_d = 180° + \alpha$。

（2）大电感负载时各电量的计算。由于输出电压波形与电阻性负载波形相同，所以 U_d 计算式与电阻性负载时相同，即

$$U_d = 0.45 U_2 \frac{1 + \cos\alpha}{2} \tag{3.8}$$

$$I_d = \frac{U_d}{R_d} \tag{3.9}$$

晶闸管的电流平均值 I_{dT}、电流有效值 I_T 为

$$I_{dT} = \frac{\theta_T}{2\pi} I_D = \frac{\pi - \alpha}{2\pi} I_D \tag{3.10}$$

$$I_T = \sqrt{\frac{\theta_T}{2\pi}} I_D = \sqrt{\frac{\pi - \alpha}{2\pi}} I_D \tag{3.11}$$

续流二极管的电流平均值 I_{dD}、电流有效值 I_D 为

$$I_{dD} = \frac{\theta_D}{2\pi} I_d = \frac{\pi + \alpha}{2\pi} I_d \tag{3.12}$$

$$I_D = \sqrt{\frac{\theta_D}{2\pi}} I_d = \sqrt{\frac{\pi + \alpha}{2\pi}} I_d \tag{3.13}$$

晶闸管和续流二极管承受的最大正、反向电压为

$$U_{TM} = U_{DM} = \sqrt{2} U_2 \tag{3.14}$$

3.1.2 单相全控桥式整流电路

单相半波可控整流器，虽具有电路简单、调试方便、投资小等优点，但输出电压及负载电流脉动大（电阻性负载），每周期脉动一次，且变压器二次［侧］流过单方向的电流，存在直流磁化、利用率低的问题。为使变压器不饱和，必须增大铁芯截面积，这样就导致设备容量增大。若不用变压器，则交流回路有直流电流，使电网畸变引起额外损耗。因此，单相半波可控整流电路只适用于小容量、波形质量要求不高的场合。在实际应用中，对于中小功率的设备更多采用的是单相全控桥式整流电路。

1. 电阻性负载

（1）电路组成及电路工作原理。单相全控桥式带电阻性负载的整流电路及波形图如图 3.4 所示。四个晶闸管接成桥式电路，其中 VT$_1$、VT$_4$ 组成一对桥臂，VT$_2$、VT$_3$ 组成另一对桥臂，VT$_1$ 和 VT$_3$ 两只晶闸管接成共阴极，VT$_2$ 和 VT$_4$ 两只晶闸管接成共阳极，变压器二次电压 u_2 接在 a、b 两点。

电源电压的正半周，晶闸管 VT$_1$、VT$_4$ 同时承受正向电压，$\omega t = 0 \sim \alpha$ 期间由于未加触发脉

冲，两晶闸管均处于正向阻断状态，若两晶闸管特性相同，则每个晶闸管承受一半的电源电压，如图 3.4（b）所示。在 $\omega t = \alpha$ 时，VT_1、VT_4 两晶闸管同时被触发，两晶闸管立刻导通，电流从电源 a 端经过 VT_1、R、VT_4 流回 b 端，负载上得到的整流输出电压与电源电压相同。这期间 VT_2、VT_3 承受反向电压而关断。当电源电压过零时，电流也下降为零，VT_1、VT_4 关断。

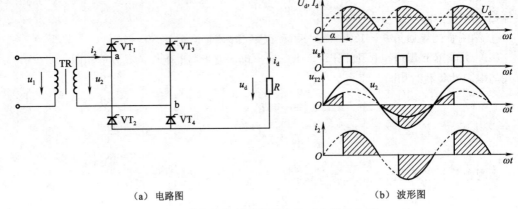

（a）电路图　　　　　　　　　　　　　　　　（b）波形图

图 3.4　单相全控桥式整流电路（电阻性负载）

电源电压的负半周，晶闸管 VT_2、VT_3 同时承受正向电压，在 $\omega t = \pi \sim \pi + \alpha$ 期间同样由于没有触发脉冲，VT_2、VT_3 均处于正向阻断状态。在 $\omega t = \pi + \alpha$ 时，VT_2、VT_3 被触发，两晶闸管导通，电流从电源 b 端经过 VT_3、R、VT_2 流回 a 端。当电源电压负半周结束时，电源电压变为零，电流也下降为零，VT_2、VT_3 关断。这期间 VT_1、VT_4 承受反向电压而关断。

下个周期开始，重复上述过程。显然，两对晶闸管触发脉冲在相位上相差 180°，每对晶闸管的导通角为 $180° - \alpha$。

从上述工作原理和工作波形来看，单相全控桥式整流电路带电阻性负载时，α 的移相范围是 $0 \sim 180°$，晶闸管的导通角 $\theta_T = 180° - \alpha$，两组触发脉冲在相位上相差 180°。由于正、负半周均有输出，输出电压在一个周期脉动两次，而且在变压器二次绕组中，两次电流方向相反且波形对称，因而不存在半波整流电路的直流磁化问题，变压器的利用率也得以提高。表 3.1 列出了一个周期内各区间晶闸管的工作状态、负载电压和晶闸管端电压等情况。

表 3.1　一个周期内各区间晶闸管的工作状态、负载电压和晶闸管端电压情况

ωt	$0 \sim \alpha$	$\alpha \sim 180°$	$180° \sim 180° + \alpha$	$180° + \alpha \sim 360°$
晶闸管导通情况	$VT_{1,4}$ 截止 $VT_{2,3}$ 截止	$VT_{1,4}$ 导通 $VT_{2,3}$ 截止	$VT_{1,4}$ 截止 $VT_{2,3}$ 截止	$VT_{1,4}$ 截止 $VT_{2,3}$ 导通
u_d	0	u_2	0	u_2
i_d	0	u_2/R	0	u_2/R
u_T	$u_{T1,4} = 1/2 u_2$ $u_{T2,3} = -1/2 u_2$	$u_{T1,4} = 0$ $u_{T2,3} = -u_2$	$u_{T1,4} = -1/2 u_2$ $u_{T2,3} = 1/2 u_2$	$u_{T1,4} = -u_2$ $u_{T2,3} = 0$
i_T	$i_{T1,4} = 0$ $i_{T2,3} = 0$	$i_{T1,4} = u_2/R$ $i_{T2,3} = 0$	$i_{T1,4} = 0$ $i_{T2,3} = 0$	$i_{T1,4} = 0$ $i_{T2,3} = u_2/R$
i_2	0	u_2/R	0	$-u_2/R$

（2）各电量的计算。输出电压平均值 U_d 为

$$U_d = \frac{1}{\pi}\int_{\alpha}^{\pi}\sqrt{2}U_2\sin\omega t\mathrm{d}(\omega t) = \frac{2\sqrt{2}U_2}{\pi}\frac{1+\cos\alpha}{2} = 0.9U_2\frac{1+\cos\alpha}{2} \tag{3.15}$$

输出电流平均值 I_d 为

$$I_d = \frac{U_d}{R_d} = 0.9\frac{U_2}{R_d}\frac{1+\cos\alpha}{2} \tag{3.16}$$

输出电流平均值 U 为

$$U = \sqrt{\frac{1}{\pi}\int_{\alpha}^{\pi}(\sqrt{2}U_2\sin\omega t)^2\mathrm{d}(\omega t)} = U_2\sqrt{\frac{\sqrt{2}}{2\pi}\sin2\alpha + \frac{\pi-\alpha}{\pi}} \tag{3.17}$$

输出电流有效值 I 与变压器二次电流 I_2 为

$$I = I_2 = \frac{U}{R_d} = \frac{U_2}{R_d}\sqrt{\frac{1}{2\pi}\sin2\alpha + \frac{\pi-\alpha}{\pi}} \tag{3.18}$$

晶闸管的电流平均值 I_{dT} 为

$$I_{dT} = \frac{1}{2}I_d \tag{3.19}$$

晶闸管的电流有效值 I_T 为

$$I_T = \frac{U_2}{R_d}\sqrt{\frac{1}{4\pi}\sin2\alpha + \frac{\pi-\alpha}{2\pi}} = \frac{1}{\sqrt{2}}I_2 \tag{3.20}$$

晶闸管承受的最大正、反向电压为

$$U_{TM} = U_{DM} = \sqrt{2}U_2 \tag{3.21}$$

功率因数 λ 为

$$\lambda = \frac{P}{S} = \frac{UI}{U_2I} = \sqrt{\frac{1}{2\pi}\sin2\alpha + \frac{\pi-\alpha}{\pi}} \tag{3.22}$$

显然功率因数与 α 相关，$\alpha = 0$ 时，$\lambda = 1$。

2. 大电感负载（$\omega L_d >> R_d$）

（1）电路组成及电路工作原理。单相全控桥式带电感性负载的整流电路及波形图如图3.5所示。由于电路中电感器是大电感元件（$\omega L_d >> R_d$），使输出电流 i_d 的波形近似一条直线，晶闸管和变压器二次电流为矩形波。

在电源电压 u_2 的正半波，当 $\omega t = \alpha$ 时，晶闸管 VT$_1$、VT$_4$ 被触发导通，电流沿 a→VT$_1$→L→R→VT$_4$→b→TR 的二次绕组→a 路径流通，此时负载上电压 $u_d = u_2$。晶闸管 VT$_2$、VT$_3$ 承受反向电压而处于关断状态。

当 $\omega t = \pi$ 时，电源电压自然过零，电源电压 u_2 进入负半波，但是，电路在电感感应电动势作用下晶闸管 VT$_1$、VT$_4$ 仍然继续导通，电流路径不突，此时输出电压波形出现负值，晶闸管 VT$_2$、VT$_3$ 虽然承受正向电压，因无触发脉冲，继续处于关断状态。

当 $\omega t = \pi + \alpha$ 时，晶闸管 VT$_2$、VT$_3$ 被触发导通，电流沿 b→VT$_3$→L→R→VT$_2$→a→TR 的二次绕组→b 路径流通，此时负载上电压 $u_d = -u_2$。由于 VT$_2$、VT$_3$ 导通使 VT$_1$、VT$_4$ 承受反向电压而关断，晶闸管 VT$_2$、VT$_3$ 一直要导通到下一周期晶闸管 VT$_1$、VT$_4$ 被再次触发导通时为止（$2\pi + \alpha$ 时刻）。如此周而复始，两对晶闸管轮流工作，在一个周期内，每对晶闸管各导通180°。

从波形图可以看出：$\alpha = 90°$ 时，输出电压波形正负面积相同，平均值为零，所以移相范

围是 $0\sim90°$。触发延迟角 α 在 $0\sim90°$ 之间变化时，晶闸管导通角 $\theta_{\mathrm{T}}=180°$，导通角 θ_{T} 与触发延迟角 α 无关。晶闸管承受的最大正、反向电压 $U_{\mathrm{TM}}=U_{\mathrm{DM}}=\sqrt{2}\,U_2$。表 3.2 列出了一个周期内晶闸管输出电压和电流等情况。

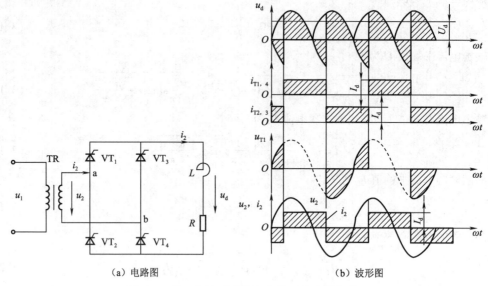

（a）电路图　　　　　　　　　　　（b）波形图

图 3.5　单相全控桥式整流电路（电感性负载）

表 3.2　一个周期内晶闸管输出电压和电流等情况

ωt	$0\sim\alpha$	$\alpha\sim180°$	$180°\sim180°+\alpha$	$180°+\alpha\sim360°$	$360°\sim360°+\alpha$
晶闸管导通情况	$VT_{1,4}$截止 $VT_{2,3}$导通	$VT_{1,4}$导通 $VT_{2,3}$截止	$VT_{1,4}$导通 $VT_{2,3}$截止	$VT_{1,4}$截止 $VT_{2,3}$导通	$VT_{1,4}$截止 $VT_{2,3}$导通
u_{d}	$-u_2$	u_2	$-u_2$	u_2	$-u_2$
i_{d}	波形近似为一条高度为 I_{d} 的直线				
u_{T}	$u_{\mathrm{T1,4}}=u_2$ $u_{\mathrm{T2,3}}=0$	$u_{\mathrm{T1,4}}=0$ $u_{\mathrm{T2,3}}=-u_2$	$u_{\mathrm{T1,4}}=0$ $u_{\mathrm{T2,3}}=u_2$	$u_{\mathrm{T1,4}}=-u_2$ $u_{\mathrm{T2,3}}=0$	$u_{\mathrm{T1,4}}=u_2$ $u_{\mathrm{T2,3}}=0$
i_{T}	$i_{\mathrm{T1,4}}=0$ $i_{\mathrm{T2,3}}=I_{\mathrm{d}}$	$i_{\mathrm{T1,4}}=I_{\mathrm{d}}$ $i_{\mathrm{T2,3}}=0$	$i_{\mathrm{T1,4}}=I_{\mathrm{d}}$ $i_{\mathrm{T2,3}}=0$	$i_{\mathrm{T1,4}}=0$ $i_{\mathrm{T2,3}}=I_{\mathrm{d}}$	$i_{\mathrm{T1,4}}=0$ $i_{\mathrm{T2,3}}=I_{\mathrm{d}}$
i_2	$-I_{\mathrm{d}}$	I_{d}	I_{d}	$-I_{\mathrm{d}}$	$-I_{\mathrm{d}}$

（2）各电量的计算。输出电压平均值 U_{d} 为

$$U_{\mathrm{d}}=\frac{1}{\pi}\int_{\alpha}^{\pi+\alpha}\sqrt{2}\,U_2\sin\omega t\mathrm{d}(\omega t)=\frac{2\sqrt{2}\,U_2}{\pi}\cos\alpha=0.9U_2\cos\alpha \tag{3.23}$$

输出电流平均值 I_{d} 为

$$I_{\mathrm{d}}=\frac{U_{\mathrm{d}}}{R_{\mathrm{d}}} \tag{3.24}$$

变压器二次电流 I_2 为

$$I_2=I_{\mathrm{d}} \tag{3.25}$$

晶闸管的电流平均值 I_{dT} 为

$$I_{\mathrm{dT}}=\frac{1}{2}I_{\mathrm{d}} \tag{3.26}$$

晶闸管的电流有效值 I_T 为

$$I_T = \frac{1}{\sqrt{2}} I_d \qquad (3.27)$$

晶闸管承受的最大正、反向电压为

$$U_{TM} = U_{DM} = \sqrt{2} U_2 \qquad (3.28)$$

3. 大电感负载加续流二极管

（1）电路组成及电路工作原理。为扩大移相范围，增大输出电压，可以在负载两端并联一个续流二极管。电路及电流、电压波形图如图 3.6、图 3.7 所示。接上续流二极管 VD 后，当电源电压降到零时，负载电流经续流二极管 VD 流通，使原导通的晶闸管电流等于零而关断，此时电路直流输出电压 $u_d = 0$（忽略续流二极管管压降）。一个周期内晶闸管、续流二极管、输出电压和电流等情况见表 3.3。

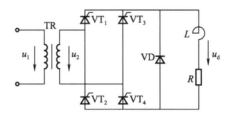

图 3.6 电感性负载带续流二极管的单相全控桥式整流电路

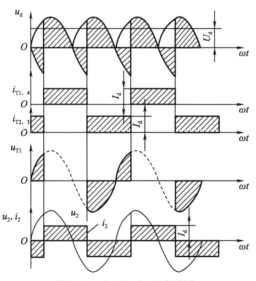

图 3.7 电压、电流波形图

表 3.3 一个周期内晶闸管、续流二极管、输出电压和电流等情况

ωt	$0 \sim \alpha$	$\alpha \sim 180°$	$180° \sim 180° + \alpha$	$180° + \alpha \sim 360°$
晶闸管 导通情况	VT$_{1,4}$截止 VT$_{2,3}$截止	VT$_{1,4}$导通 VT$_{2,3}$截止	VT$_{1,4}$截止 VT$_{2,3}$截止	VT$_{1,4}$截止 VT$_{2,3}$导通

ωt	$0 \sim \alpha$	$\alpha \sim 180°$	$180° \sim 180° + \alpha$	$180° + \alpha \sim 360°$
续流二极管导通情况	VD 导通	VD 截止	VD 导通	VD 截止
u_d	0	u_2	0	u_2
i_d	近似为一条直线（值为 I_d）			
i_T	$i_{T1,4} = 0$ $i_{T2,3} = 0$	$i_{T1,4} = I_d$ $i_{T2,3} = 0$	$i_{T1,4} = 0$ $i_{T2,3} = 0$	$i_{T1,4} = 0$ $i_{T2,3} = I_d$
i_d	I_d	0	I_d	0

从电流、电压波形图可以看出：在一个周期内，晶闸管的导通角为 $180° - \alpha$，即 $\theta_T = 180° - \alpha$，续流二极管的导通角为 2α。

（2）各电量的计算。由于输出电压波形与电阻性负载时相同，所以 U_d、I_d 的计算公式与电阻性负载时相同。

晶闸管电流的平均值 I_{dT} 与有效值 I_T 为

$$I_{dT} = \frac{\theta_T}{2\pi} I_d = \frac{\pi - \alpha}{2\pi} I_d \tag{3.29}$$

$$I_T = \sqrt{\frac{\theta_T}{2\pi}} I_d = \sqrt{\frac{\pi - \alpha}{2\pi}} I_d \tag{3.30}$$

续流二极管电流的平均值 I_{dD} 与有效值 I_d 为

$$I_{dD} = \frac{\theta_D}{2\pi} I_d = \frac{2\alpha}{2\pi} I_d = \frac{\alpha}{\pi} I_d \tag{3.31}$$

$$I_D = \sqrt{\frac{\theta_D}{2\pi}} I_d = \sqrt{\frac{\alpha}{\pi}} I_d \tag{3.32}$$

晶闸管与续流二极管承受的最大正、反向电压为

$$U_{TM} = U_{DM} = \sqrt{2} U_2 \tag{3.33}$$

4. 反电动势负载

蓄电池、直流电动机的电枢等均属于反电动势负载。这类负载的特点是含有直流电动势 E，且电动势 E 的方向与负载电流方向相反，故称为反电动势负载。图 3.8 所示为单相全控桥式带反电动势负载的整流电路及波形图。

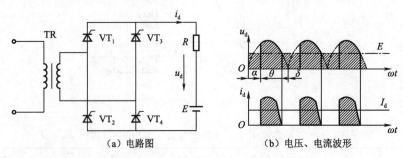

（a）电路图　　　　（b）电压、电流波形

图 3.8　单相全控桥式整流电路（反电动势负载）

（1）电阻性反电动势负载。只有当电源电压 u_2 的瞬时值大于反电动势 E 时，晶闸管才能够

80

承受正向电压被触发导通，当晶闸管导通时，$u_d = u_2$，$i_d = \dfrac{u_d - E}{R_d}$。当电源电压 u_2 的瞬时值小于反电动势 E 时，晶闸管承受反向电压而关断，这使得晶闸管导通角减小。晶闸管关断时，$u_d = E$。与电阻性负载相比，晶闸管提前了电角度 δ 停止导电，δ 称为停止导电角。可由式（3.34）计算

$$\delta = \arcsin \frac{E}{\sqrt{2}\, U_2} \tag{3.34}$$

对于带反电动势负载的整流电路，当 $\alpha < \delta$，触发脉冲到来时，晶闸管承受反向电压，不可能导通。为了使晶闸管可靠导通，要求触发脉冲有足够的宽度，保证当晶闸管开始承受正向电压时，触发脉冲仍然存在。这样，相当于触发延迟角被推迟，即 $\alpha \geqslant \delta$。在触发延迟角 α 相同的情况下，带反电动势负载的整流电路的输出电压比带电阻性负载时大。

（2）电感性反电动势负载。若负载为直流电动机，此时负载性质为反电动势电感性负载，电感不足够大，输出电流波形仍然断续。在负载回路串联平波电抗器可以减小电流脉动，如果电感足够大，输出电流波形就能连续，在这种条件下其工作情况与电感性负载时相同。

3.1.3 单相半控桥式整流电路

单相半控桥式整流电路与单相全控桥式整流电路相比，更为经济，对触发电路的要求也更简单。单相半控桥式整流电路在接电阻性负载时，其工作情况和单相全控桥式整流电路相同，输出电压、电流的波形和电量计算也一样。下面只着重分析电感性负载时的工作情况。

1. 大电感负载

单相半控桥式整流电路带大电感负载时，必须接续流二极管，否则将会出现失控，使电路无法正常工作。单相半控桥式整流接续流二极管带大电感负载时的电路如图 3.9（a）所示。负载电感 L 足够大（$\omega L >> R$），则可以认为负载电流连续，电流波形近似为一条直线。电路的电压、电流波形如图 3.9（b）所示。

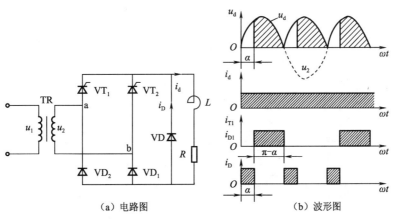

（a）电路图　　　　　　（b）波形图

图 3.9　单相半控桥式整流接续流二极管带大电感负载时的电路及波形图

在 u_2 的正半波，$\omega t = \alpha$ 处，触发晶闸管 VT$_1$ 使其导通，晶闸管 VT$_2$ 承受反向电压关断，电流沿 a 点→VT$_1$→L→R→VD$_1$→b 点→TR 的二次绕组→a 点的路径流通，此时负载上的电压 $u_d = u_2$。当 u_2 过零变负时，因电感器 L 上的感应电动势作用使续流二极管导通，晶闸管 VT$_1$ 承受反向电压而关断，电感器 L 释放能量，使电流沿 L→R→VD→L 路径流通，形成续流通路。

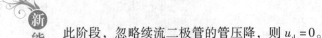

此阶段，忽略续流二极管的管压降，则 $u_d = 0$。

在 $\omega t = 180° + \alpha$ 时，晶闸管 VT_2 被触发导通，VT_1 承受反向电压而关断，电流沿 b 点 → $VT_2 → L → R → VD_2 → a → TR$ 的二次绕组 → b 点的路径流通，此时负载上的电压 $u_d = -u_2$。

同样，当 u_2 过零变正时，续流二极管 VD 导通，形成续流通路，输出电压 $u_d = 0$。此后重复上述过程。该电路触发延迟角 α 的移相范围为 $0 \sim \pi$，晶闸管导通角 $\theta_T = 180° - \alpha$。

由于电路及波形与全控桥大电感负载接续流二极管电路相似，所以各电量计算方式也相同。

2. 大电感负载不带续流二极管时的失控现象

图 3.10 所示为不接续流二极管带大电感负载时的单相半控桥式整流电路。图 3.11 为该电路失控时的电压、电流波形图。电路在实际运行中，当突然把触发延迟角 α 增大到 180°或突然切断触发电路时，会发生导通的晶闸管一直导通而两个二极管轮流导通的失控现象。例如，在 u_2 的正半波，当 VT_1 触发导通后，如欲停止工作而停发触发脉冲，此后 VT_2 无触发脉冲而处于关断状态，当 u_2 过零变负时，因电感 L 的作用，使电流通过 VT_1、VD_2 形成续流。L 中的能量如在整个负半周都没有释放完，就使 VT_1 在整个负半周都保持导通。

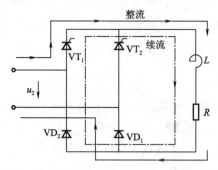

图 3.10　单相半控桥电感性负载不接续流二极管

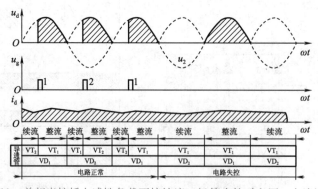

图 3.11　单相半控桥电感性负载不接续流二极管失控时电压、电流波形图

当 u_2 过零变正时，VT_1 承受正向电压继续导通，同时 VD_2 关断、VD_1 导通。因此即使不加触发脉冲，负载上仍保留了正弦半波的输出电压，此时触发脉冲对输出电压失去了控制作用，称为失控，这在实际中是不允许的。失控时，输出电压波形相当于单相半波不可控整流电路时的波形，不导通的晶闸管两端的电压波形为 u_2 的交流波形。由于上述原因，实用中还需要加续流二极管 VD，以避免可能发生的失控现象。

3. 单相半控桥式整流电路的另一种接法

如图 3.12 所示，二极管 VD_3 和 VD_4 可取代续流二极管，续流由 VD_3 和 VD_4 实现。因此，即使不外接续流二极管，电路也不会出现失控现象。但两个晶闸管阴极电位不同，VT_1 和 VT_2 触发电路要隔离。图 3.13 为该电路的波形图。

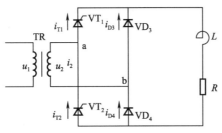

图 3.12　二极管参与整流的单相半控桥式电路原理图

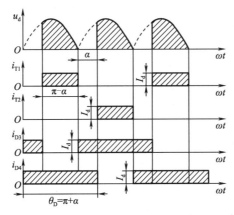

图 3.13　二极管参与整流的单相半控桥式电路波形图

例 3.1　带续流二极管的单相半控桥式整流电路，由 220 V 电源经变压器供电，负载为大电感负载。要求直流电压范围是 15~60 V，最大负载电流是 10 A，晶闸管最小触发延迟角 $\alpha_{min} = \dfrac{\pi}{6}$。试计算：晶闸管、整流二极管和续流二极管的电流有效值及变压器容量。

解：（1）当输出电压 $U_d = 60$ V 时，对应的 $\alpha_{min} = 30°$，则由 $U_d = 0.9U_2 \dfrac{1 + \cos\alpha}{2}$

可得
$$U_2 = \frac{2U_d}{0.9(1 + \cos30°)} = 71.4 \text{ V}$$

当输出电压 $U_d = 15$ V 时，对应的 α 为最大，其值为
$$\cos\alpha_{max} = \frac{2U_d}{0.9U_2} - 1 = \frac{2 \times 15}{0.9 \times 71.4} - 1 = -0.53$$
$$\alpha_{max} = 122.3°$$

（2）计算晶闸管和整流二极管的电流定额时，需要考虑最严峻的工作状态。在 $\alpha_{max} = 30°$ 时，有
$$I_T = \sqrt{\frac{180° - 30°}{360°}} \times 10 \text{ A} = 6.45 \text{ A}$$

整流二极管的电流波形与晶闸管相同，因此整流二极管的电流有效值与晶闸管相同。

（3）续流二极管最严峻的工作状态对应的情况是 $\alpha_{\max} = 122.3°$，有

$$I_D = \sqrt{\frac{\alpha}{\pi}} I_d = \sqrt{\frac{122.3°}{180°}} \times 10 \text{ A} = 8.24 \text{ A}$$

（4）$\alpha_{\min} = 30°$时，变压器二次电流有效值为最大值，即

$$I_2 = \sqrt{\frac{\pi - \alpha}{\pi}} I_d = \sqrt{\frac{180° - 30°}{180°}} \times 10 \text{ A} = 9.13 \text{ A}$$

变压器容量为

$$S = U_2 I_2 = 71.4 \text{ V} \times 9.13 \text{ A} = 652 \text{ V} \cdot \text{A}$$

3.2　三相可控整流电路

单相可控整流电路元器件少、线路简单、调整方便，但输出电压的脉动较大，当所带的负载较重时，会因单相供电而引起三相电网不平衡，故只适用于小容量的设备中。当容量较大、输出电压脉动要求较小、对控制的快速性有要求时，则多采用三相可控整流电路。三相可控整流电路的形式有三相半波、三相全控桥、三相半控桥、双反星形电路及适合于较大功率应用的十二相整流电路等。多相可控整流电路形式多样，最基本的是三相半波可控整流电路。其他类型可视为三相半波可控整流电路以不同方式串联或并联而成的。

3.2.1　三相半波可控整流电路

1. 电阻性负载

（1）电路工作原理与波形分析。三相半波可控整流电路如图3.14（a）所示。T 为三相整流变压器，晶闸管 VT₁、VT₃、VT₅ 分别与变压器的 U、V、W 三相相连，三只晶闸管的阴极接在一起经负载电阻 R_d 与变压器的中性线相连，它们组成共阴极接法电路。

整流变压器的二次侧相电压有效值为 U_2，三相电压波形如图3.14（b）所示，表达式分别为

$$u_U = \sqrt{2} U_2 \sin\omega t \tag{3.35}$$

$$u_V = \sqrt{2} U_2 \sin(\omega t - 2\pi/3) \tag{3.36}$$

$$u_W = \sqrt{2} U_2 \sin(\omega t + 2\pi/3) \tag{3.37}$$

电源电压是不断变化的，依据晶闸管的单向导通原则，三只晶闸管各自所接的 u_U、u_V、u_W 中哪一相电压瞬时值最高，则该相所接晶闸管可被触发导通，而另外两只晶闸管则承受反向电压而阻断。当触发延迟角 α 不同时，整流电路的工作原理如下：

① 触发延迟角 $\alpha = 0°$。当 $\alpha = 0°$时，晶闸管 VT₁、VT₃、VT₅ 相当于三个整流二极管，有如图3.14（b）所示的负载电压波形：$\omega t_1 \sim \omega t_3$ 期间，u_U 瞬时值最高，U 相所接的晶闸管 VT₁ 可被触发导通，输出电压 $u_d = u_U$，V 相和 W 相所接 VT₃、VT₅ 承受反向线电压而阻断；$\omega t_3 \sim \omega t_5$ 期间，u_V 瞬时值最高，VT₃ 可被触发导通，输出电压 $u_d = u_V$，VT₁、VT₅ 承受反向线电压而阻断；在 $\omega t_5 \sim \omega t_5$ 期间，u_W 瞬时值最高，VT₅ 导通，输出电压 $u_d = u_W$，VT₁、VT₃ 承受反向线电压而阻断。依次循环，每管导通120°，三相电源轮流向负载供电，负载电压 u_d 为三相电源电压正半周包络线。

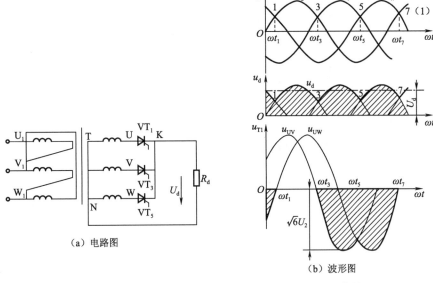

（a）电路图

（b）波形图

图 3.14　三相半波可控整流电路和 $\alpha = 0°$ 时的电压波形

ωt_1、ωt_3、ωt_5 时刻所对应的 1、3、5 三个点，称为自然换相点，分别是三只晶闸管轮换导通的起始点。自然换相点也是各相所接晶闸管可能被触发导通的最早时刻。在此之前，由于晶闸管承受反向电压，不可能导通，因此把自然换相点作为计算触发延迟角 α 的起点，即该 $\alpha = 0°$，对应于 $\omega t = 30°$。

当 $\alpha = 0°$ 时，晶闸管 $\mathrm{VT_1}$ 上的电压 u_{T1} 波形如图 3.14（b）所示，在 $\omega t_1 \sim \omega t_3$ 期间导通，管压降为零；$\omega t_3 \sim \omega t_5$ 期间由于 $\mathrm{VT_3}$ 导通，$\mathrm{VT_1}$ 承受反向线电压 u_{UV}；在 $\omega t_5 \sim \omega t_7$ 期间，$\mathrm{VT_5}$ 导通，$\mathrm{VT_1}$ 承受反向线电压 u_{UW}。依此类推 120° 和 240°，可画出晶闸管 $\mathrm{VT_3}$、$\mathrm{VT_5}$ 的电压波形。

② 触发延迟角 $\alpha = 30°$。图 3.15 为当触发脉冲后移到 $\alpha = 30°$ 时的波形。这里假设电路已在工作，W 相所接的晶闸管 $\mathrm{VT_5}$ 导通，经过自然换相点 1 时，由于 U 相所接晶闸管 $\mathrm{VT_1}$ 的触发脉冲尚未送到，故无法导通。于是 $\mathrm{VT_5}$ 仍承受 u_{W} 正向电压继续导通，直到过 U 相自然换相 1 点 30°，即 $\alpha = 30°$ 时，晶闸管 $\mathrm{VT_1}$ 被触发导通，输出直流电压波形由 u_{W} 换成为 u_{U}，如图 3.15（a）波形所示。$\mathrm{VT_1}$ 的导通使晶闸管 $\mathrm{VT_5}$ 承受 u_{UW} 反向电压而被强迫关断，负载电流 i_{d} 从 W 相换到 U 相。依此类推，其他两相也依次轮流导通与关断。负载电流 i_{d} 波形与 u_{d} 波形相似，而流过晶闸管 $\mathrm{VT_1}$ 的电流 i_{T1} 波形是 i_{d} 波形的 1/3 区间，如图 3.15（c）所示。$\alpha = 30°$ 时，晶闸管 $\mathrm{VT_1}$ 两端的电压 u_{T1} 的波形如图 3.15（d）所示，它可分成三部分：晶闸管 $\mathrm{VT_1}$ 本身导通，$u_{\mathrm{T1}} = 0$；$\mathrm{VT_3}$ 导通时，$\mathrm{VT_1}$ 将承受线电压 u_{UV}；$\mathrm{VT_5}$ 导通时，$\mathrm{VT_1}$ 将承受线电压 u_{UW}。其他两相晶闸管两端所承受的电压与 u_{T1} 相同，但相位依次相差 120°。

③ 触发延迟角 $\alpha = 60°$。如图 3.16 所示，当触发脉冲后移到 $\alpha = 60°$ 时，其输出电压 u_{d} 波形及负载电流 i_{d} 波形均已断续，三只晶闸管都在本相电源电压过零时自行关断。晶闸管的导通角小于 120°，θ_{T} 仅为 90°。晶闸管 $\mathrm{VT_1}$ 两端电压 u_{T1} 波形如图 3.16（d）所示，器件本身导通时，$u_{\mathrm{T1}} = 0$；相邻器件导通时，要承受电源线电压，即 $u_{\mathrm{T1}} = u_{\mathrm{UV}}$ 与 $u_{\mathrm{T1}} = u_{\mathrm{UW}}$；当三只晶闸管均不导通时，$\mathrm{VT_1}$ 承受本身 U 相电源电压，即 $u_{\mathrm{T1}} = u_{\mathrm{U}}$。

可见当触发脉冲后移到 $\alpha = 150°$ 时，由于晶闸管已不再承受正向电压而无法导通，$u_{\mathrm{d}} = 0\ \mathrm{V}$。所以，三相半波可控整流电路带电阻性负载时，其触发延迟角 α 的可调范围是 $0° \sim 150°$。

第 3 章　可控整流电路分析

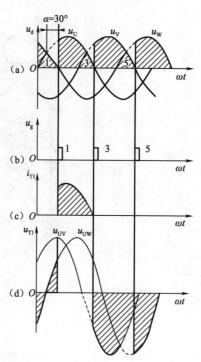

图 3.15　电阻性负载 $\alpha = 30°$ 时的波形

（2）各电量的计算。依据电路工作原理，u_d 波形在 $0° \leqslant \alpha \leqslant 30°$ 时是连续的，而在 $30° \leqslant \alpha \leqslant 150°$ 时是断续的。故求它的直流平均电压要分别计算。

① $0° \leqslant \alpha \leqslant 30°$ 时 ［见图 3.15（a）］

$$U_d = \frac{3}{2\pi} \int_{\frac{\pi}{6}+\alpha}^{\frac{\pi}{6}+\alpha+\frac{2\pi}{3}} \sqrt{2} U_2 \sin\omega t \, d(\omega t) = 1.17 U_2 \cos\alpha = U_{d0} \cos\alpha \tag{3.38}$$

式中，$U_{d0} = 1.17 U_2$ 是指 $\alpha = 0°$ 时输出直流平均电压。

② $30° \leqslant \alpha \leqslant 150°$ 时 ［见图 3.16（a）］

$$U_d = \frac{3}{2\pi} \int_{\frac{\pi}{6}+\alpha}^{\pi} \sqrt{2} U_2 \sin\omega t \, d(\omega t) = \frac{3\sqrt{2} U_2}{2\pi}\left[1 + \cos\left(\frac{\pi}{6} + \alpha\right)\right]$$
$$= 0.675 U_2 \left[1 + \cos\left(\frac{\pi}{6} + \alpha\right)\right] \tag{3.39}$$

当 u_d 波形断续时，一周期有三块相同波形，U_d 值也可套用单相半波可控整流电路计算式，即

$$U_d = 3 \times 0.45 U_2 \left[1 + \cos\left(\frac{\pi}{6} + \alpha\right)\right]/2 = 0.675 U_2 \left[1 + \cos\left(\frac{\pi}{6} + \alpha\right)\right] \tag{3.40}$$

其结果与积分计算式（3.39）相同。

由于 i_d 波形与 u_d 波形相似，数值上相差 R_d 倍，即负载电流平均值为

$$I_d = U_d / R_d \tag{3.41}$$

流过晶闸管的电流平均值为

$$I_{dT} = \frac{1}{3} I_d \tag{3.42}$$

晶闸管承受的最高电压为

$$U_{TM} = \sqrt{6} U_2 \tag{3.43}$$

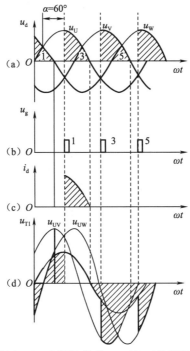

图 3.16 电阻性负载 $\alpha = 60°$ 时的波形

2. 大电感负载

（1）电路工作原理与波形分析。三相半波可控整流电路接大电感负载时，如图 3.17（a）所示，因为负载是大电感，所以只要输出电压平均值 U_d 不为 0，晶闸管导通角均为 120°，与触发延迟角 α 无关，其电流波形近似为方波，如图 3.17（c）、（e）所示。图 3.17（b）、（d）分别为 $\alpha = 20°$（$0° \leqslant \alpha \leqslant 30°$ 区间）、$\alpha = 60°$（$30° \leqslant \alpha \leqslant 90°$ 区间）时的 u_d 波形。由于电感器 L_d 的作用，当 $\alpha > 30°$ 后 u_d 波形出现负值，如图 3.17（d）所示。当负载电流从大变小时，即使电源电压过零变负，在感应电动势的作用下，晶闸管仍承受正向电压而维持导通。只要电感量足够人，晶闸管导通就能维持到下一相晶闸管被触发导通为止，随后承受反向线电压而被强迫关断。尽管 $\alpha > 30°$ 后，u_d 波形出现负面积，但只要正面积能大于负面积，其整流输出电压平均值总是大于零，电流 i_d 可连续平稳。

可见，当触发脉冲后移到 $\alpha \geqslant 90°$ 后，u_d 波形的正负面积相等，其输出电压平均值 U_d 为零。所以大电感负载不接续流二极管时，其有效的移相范围只能为 $0° \sim 90°$。

晶闸管两端电压波形与电阻性负载分析方法相同，这里不再赘述。

（2）各电量的计算：

输出电压平均值 U_d 为

$$U_d = \frac{3}{2\pi} \int_{\frac{\pi}{6}+\alpha}^{\frac{5\pi}{6}+\alpha} \sqrt{2} U_2 \sin\omega t d(\omega t) = 1.17 U_2 \cos\alpha = U_{d0}\cos\alpha \qquad (3.44)$$

大电感负载的 U_d 计算式与电阻性负载在 $0° \leqslant \alpha \leqslant 30°$ 时的 U_d 公式相同。在 $\alpha > 30°$ 之后，大电感负载的 U_d 波形出现负值，在同一 α 角时，U_d 值将比电阻性负载时小。

负载电流平均值

$$I_d = U_d / R_d \qquad (3.45)$$

流过晶闸管的电流平均值 I_{dT}、有效值 I_T，以及承受的最高电压 U_{TM} 分别为

第 3 章 可控整流电路分析

$$I_{dT} = \frac{1}{3}I_d \tag{3.46}$$

$$I_T = \sqrt{\frac{1}{3}}I_d \tag{3.47}$$

$$U_{TM} = \sqrt{6}\,U_2 \tag{3.48}$$

（3）大电感负载接续流二极管。在电感性负载两端并联续流二极管，可以扩大移相范围并使负载电流 i_d 平稳，如图 3.17（a）的 VD。由于有续流二极管的作用，u_d 波形已不出现负值，与电阻性负载 u_d 波形相同。图 3.18 为接入续流二极管后，α 分别为 30° 和 60° 时的电压、电流波形。由图 3.18 可见，在 0°≤α≤30°区间，电源电压均为正值，u_d 波形连续，续流二极管不起作用；在 30°<α≤150°区间，电源电压出现过零变负时，续流二极管及时导通为负载电流提供续流回路，晶闸管承受反向电源相电压而关断。这样，u_d 波形断续但不出现负值。续流二极管 VD 起作用时，晶闸管与续流二极管的导通角分别为

$$\theta_T = 150° - \alpha \tag{3.49}$$
$$\theta_D = 3(\alpha - 30°) \tag{3.50}$$

88

这样，三相半波大电感接续流二极管电路的各电量的计算式如下：

① 负载电压平均值 U_d 和电流平均值 I_d：

当 0°≤α≤30°时，

$$U_d = 1.17U_2\cos\alpha = U_{d0}\cos\alpha \tag{3.51}$$

当 30°≤α≤150°时，

$$U_d = 3 \times 0.45U_2\left[1 + \cos\left(\frac{\pi}{6} + \alpha\right)\right] \times \frac{1}{2} = 0.675U_2\left[1 + \cos\left(\frac{\pi}{6} + \alpha\right)\right] \tag{3.52}$$

负载电流平均值

$$I_d = \frac{U_d}{R_d} \tag{3.53}$$

② 晶闸管电流平均值 I_{dT}、有效值 I_T 及晶闸管承受的最高电压值 U_{TM}：

当 0°≤α≤30°时，

$$I_{dT} = \frac{1}{3}I_d \tag{3.54}$$

$$I_T = \sqrt{\frac{1}{3}}I_d \tag{3.55}$$

$$U_{TM} = \sqrt{6}\,U_2 \tag{3.56}$$

当 30°≤α≤150°时，

$$I_{dT} = \frac{150° - \alpha}{360°}I_d \tag{3.57}$$

$$I_T = \sqrt{\frac{150° - \alpha}{360°}}I_d \tag{3.58}$$

$$U_{TM} = \sqrt{6}\,U_2 \tag{3.59}$$

③ 续流二极管平均电流 I_{dD}、有效值 I_d 及承受的最高电压 U_{DM}（30°≤α≤150°）

$$I_{dD} = \frac{\alpha - 30°}{120°}I_d \tag{3.60}$$

$$I_D = \sqrt{\frac{\alpha - 30°}{120°}}I_d \tag{3.61}$$

$$U_{DM} = \sqrt{6}\,U_2 \tag{3.62}$$

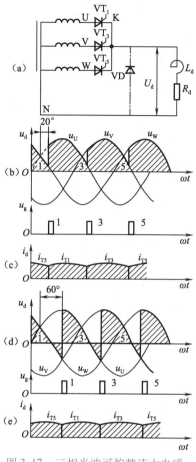

图 3.17　三相半波可控整流大电感
负载电路及波形

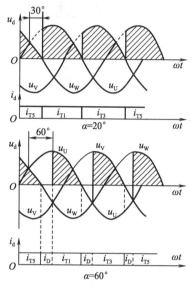

图 3.18　三相半波可控整流电路大电感
负载接续流管后的波形图

3. 反电动势负载

图 3.19 所示为接入反电势的负载情况,它与单相全控桥反电动势负载情况相似,为了使电枢电流 i_d 连续平稳,在电枢回路中串入电感量足够大的平波电抗器 L_d。这样,三相半波电路所带负载是含有反电动势的大电感负载,其波形分析、各电量计算式与大电感负载时相同,仅负载电流 I_d 的计算改用式 (3.63) 即可

$$I_d = \frac{U_d - E}{R_d} \tag{3.63}$$

式中:E——反电动势;

$\quad\quad R_d$——负载回路总电阻。

为了扩大移相范围,并使 i_d 波形更加平稳,也可在负载两端并联续流二极管 VD。其波形分析和计算方法与接续流二极管的三相半波大电感负载相同。

为了保证直流电动机在最小电枢电流下仍维持 i_d 波形连续平稳,串入的平波电抗器 L_d 的电感量要足够,否则 L_d 存储的能量将不足以维持 i_d 波形连续,特别是在直流电动机空载电流很小时,i_d 波形断续,u_d 波形为带有反电动势阶梯的正弦波形,如图 3.19 (c) 所示。此时,输出电压平均值 U_d 明显增大,直流电动机转速升高,使电动机的机械特性变差,影响电动机的正常工作，实际应用中务必引起注意。

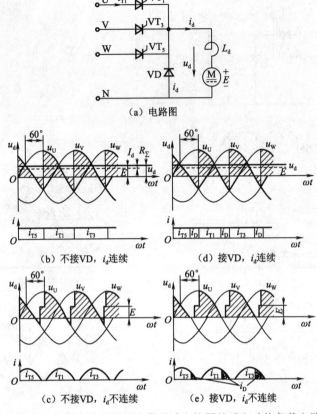

（a）电路图

（b）不接VD，i_d连续

（d）接VD，i_d连续

（c）不接VD，i_d不连续

（e）接VD，i_d不连续

图 3.19　三相半波可控整流带平波电抗器的反电动势负载电路

例 3.2　已知三相半波可控整流电路带电感负载，$L_d = 0.2$ H，$R_d = 2$ Ω，$U_2 = 220$ V。当 $\alpha = 60°$ 时，试求：画出这两种情况的 u_d，u_{T1}，i_{T1} 及 i_d 波形；计算不接续流二极管与接续流二极管两种情况下的负载电流平均值、流过晶闸管的电流平均值和有效值。

解：由于 $X_d = \omega L_d = (314 \times 0.2)$ Ω $= 68.8$ Ω $>> R_d = 2$ Ω，所以电路属于大电感负载，i_d 波形可视为等稳的直线。各相应波形如图 3.20 所示。

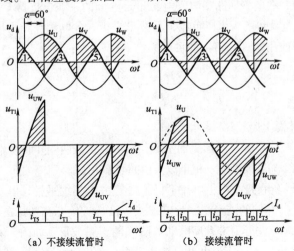

（a）不接续流管时

（b）接续流管时

图 3.20　电压、电流波形图

两种不同情况下的参量计算如表 3.4 所示。

表 3.4　两种不同情况下的参量计算

不接续流二极管时	续流二极管时
$U_d = 1.17 U_2 \cos\alpha$ $= (1.17 \times 220 \times \cos 60°)$ V $= 117$ V	$U_d = 0.675 U_2 [1 + \cos(30° + \alpha)]$ $= 0.675 \times 220 [1 + \cos(30° + 60°)]$ V $= 135$ V
$I_d = \dfrac{U_d}{R_d} = \dfrac{117}{2}$ A $= 58.5$ A	$I_d = \dfrac{U_d}{R_d} = \dfrac{135}{2}$ A $= 67.5$ A
$I_{dT} = \dfrac{1}{3} I_d = \dfrac{1}{3} \times 58.5$ A $= 19.5$ A	$I_{dT} = \dfrac{150° - \alpha}{360°} I_d = \dfrac{150° - 60°}{360°} \times 67.5$ A $= 16.9$ A
$I_T = \sqrt{\dfrac{1}{3}} I_d = \sqrt{\dfrac{1}{3}} \times 58.5$ A $= 33.5$ A	$I_T = \sqrt{\dfrac{150° - \alpha}{360°}} I_d = \sqrt{\dfrac{150° - 60°}{360°}} \times 67.5$ A $= 33.8$ A

4. 共阳极的三相半波可控整流电路

对于三相半波可控整流电路，除了上面介绍的共阴极接法外，还有一种接法是把三只晶闸管的阳极连接在一起，而三个阴极分别接到三相交流电源上，如图 3.21（a）所示，这种接法称为共阳极接法。由于三只晶闸管 VT_2、VT_4 及 VT_6 的阳极连接在一起，所以等电位，可以把三只晶闸管的阳极固定在一块大散热器上，安装方便，散热效果也好。但共阳接法的三相触发电路输出脉冲变压器二次绕组就不可以有公用线，这会给调试和使用带来不便。

共阳极接法电路与共阴极接法电路一样，两者都是在晶闸管阳极电位高于阴极电位时才能被触发导通。由于共阳极接法，VT_2、VT_4 及 VT_6 的阴极分别接在三相交流电源 u_U、u_V 及 u_W 上，因此只能在电源相电压负半周时工作。可见共阳极接法的三只晶闸管 VT_2、VT_4 及 VT_6 的自然换相点分别为 2、4 及 6。

如图 3.21（b）所示，当 $\alpha = 30°$ 时共阳极接法的三相半波可控整流电路的电压与电流波形，在 ωt_1 时刻 W 相电压最负，晶闸管 VT_2 可被触发导通，负载电压 u_d 为 $-u_W$。到 ωt_2、ωt_3 时刻 VT_4、VT_6 管分别被触发导通，负载电压 u_d 依次为 $-u_U$、$-u_V$。由图 3.21 可得，负载电压 u_d 波形与共阴极接法相同，仅是电压极性相反，共阴接法时的 u_d 波形在横坐标的上方，而共阳极接法时 u_d 波形在横坐标下方。所以大电感负载时共阳极接法的三相半波可控整流电路输出平均电压为

$$U_d = -1.17 U_2 \cos\alpha = -U_{d0} \cos\alpha \tag{3.64}$$

式中，负号表示变压器中性线为 U_d 的正端，三个连接在一起的阳极为负端。同样，流过整流变压器二次绕组与中性线电流方向均与共阴极接法相反，电路计算与共阴极接法相同。

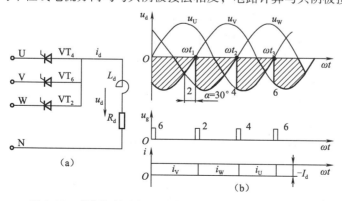

图 3.21　共阳极接法的三相半波可控整流电路及波形图

5. 整流变压器容量与整流功率的关系（以 $\alpha = 0°$ 时为例）

整流输出给负载的直流功率 $P_d = U_d I_d$。一般整流电路的输入都经过变压器，为了根据负载对整流输出的要求来估算整流变压器的容量 S，需要计算 S 与 P_d 的关系。变压器的一次［侧］和二次［侧］视在功率可能相等也可能不相等，视电路形式不同而异。因此，有一次视在功率 S_1 和二次视在功率 S_2 之分，通常取其平均值作为变压器的容量 S。下面以三相半波可控整流电路带大电感负载且电流 $i_d = I_d$ 时为例来说明。

大电感负载时，整流变压器二次［侧］每相绕组 i_2 波形如图 3.22。i_2 为单方向矩形波，可将其分解为直流分量 i_{2-} 和交流分量 $i_{2\sim}$。直流分量 i_{2-} 不能感应到一次［侧］，只有交流分量 $i_{2\sim}$ 才能感应到一次［侧］。忽略变压器励磁电流并假定一次［侧］与二次［侧］匝数相等，则 $i_1 = i_{2\sim}$。一次电流及二次电流有效值为

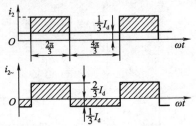

图 3.22　整流变压器一、二次电流波形图

$$I_1 = I_{2\sim} = \sqrt{\frac{1}{2\pi}\left[\left(\frac{2}{3}I_d\right)^2\frac{2\pi}{3} + \left(-\frac{1}{3}I_d\right)^2\frac{4\pi}{3}\right]} = 0.473I_d \tag{3.65}$$

$$I_2 = \sqrt{\frac{1}{2\pi}\left(I_d^2\frac{2\pi}{3}\right)} = \sqrt{\frac{1}{3}}I_d = 0.577I_d \tag{3.66}$$

变压器的一次视在功率 S_1 为

$$S_1 = 3U_1I_1 = 3U_1 \cdot \frac{U_2}{U_1}I_{2\sim} = 3 \times \frac{U_d}{1.17} \times 0.473I_d = 1.21U_dI_d = 1.21P_d \tag{3.67}$$

变压器的二次视在功率 S_2 为

$$S_2 = 3U_2I_2 = 3\frac{U_d}{1.17} \times 0.577I_d = 1.48U_dI_d = 1.48P_d \tag{3.68}$$

所以变压器容量 S 为

$$S = \frac{1}{2}(S_1 + S_2) = \frac{1}{2}(1.21P_d + 1.48P_d) = 1.35P_d \tag{3.69}$$

可见变压器容量要比输出功率 P_d 大 35%。

3.2.2　三相桥式全控整流电路

三相桥式全控整流电路如图 3.23（a）所示，可看作由一组共阴极接法和另一组共阳极接法的三相半波可控整流电路串联而成。共阴极组 VT_1、VT_3 和 VT_5 在正半周导通，流经变压器的电流为正向电流；共阳极组 VT_4、VT_6 和 VT_2 在负半周导通，流经变压器的电流为反向电流。变压器每相绕组在正负半周都有电流流过，因此，变压器绕组中没有直流磁通势，同时提高了变压器绕组的利用率。

三相桥式全控整流电路多用于直流电动机或要求实现有源逆变的负载。为使负载电流连续平滑，有利于直流电动机换相及减小火花，以改善直流电动机的机械特性，一般要串入电感量足够大的平波电抗器，这样就等同于含有反电动势的大电感负载。

1. 工作原理

图 3.23（b）所示为接续流二极管时三相桥式全控整流电路当 $\alpha = 0°$ 时的电压波形。触发电

路先后向各自所控制的六只晶闸管的门极（对应自然换相点）送出触发脉冲，即在三相电源电压正半波的1、3、5点（正半波自然换相点）向共阴极组晶闸管 VT_1、VT_3 和 VT_5 输出触发脉冲；在三相电源电压负半波的2、4、6点（负半波自然换相点）向共阳极组晶闸管 VT_4、VT_6 和 VT_2 输出触发脉冲。负载上所得到的整流输出电压 u_d 波形为三相电源相电压波形正负半周包络线，如图3.23（b）所示，或由三相电源线电压 u_{UV}、u_{UW}、u_{VW}、u_{VU}、u_{WU} 和 u_{WV} 的正半波所组成的包络线，如图3.23（c）所示。图3.23（c）中各线电压的交点处 1~6 就是三相桥式全控整流电路六只晶闸管 $VT_1 \sim VT_6$ 的自然换相点，也就是晶闸管触发延迟角 α 的起始点。

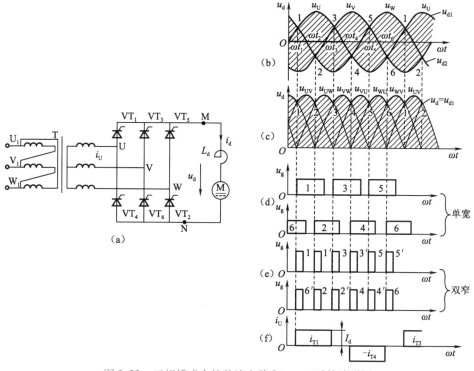

图3.23 三相桥式全控整流电路和 $\alpha = 0°$ 时的波形图

在 $\omega t_1 \sim \omega t_2$ 区间，U 相电位最高，V 相电位最低，此时共阴极组的 VT_1 和共阳极组的 VT_6 同时被触发导通。电流由 U 相经 VT_1 流向负载，又经 VT_6 流入 V 相。假设共阴极组流过 U 相绕组电流为正，那么共阳极组流过 U 相绕组电流就应为负。在这区间，VT_1 和 VT_6 工作，所以输出电压为 $u_d = u_U - u_V = u_{UV}$。经60°后进入 $\omega t_2 \sim \omega t_3$ 区间，U 相电位仍然最高，所以 VT_1 继续导通，但 W 相晶闸管 VT_2 的阴极电位变为最低。在自然换相点 2 处，即 ωt_2 时刻，VT_2 被触发导通，VT_2 的导通使 VT_6 承受 u_{VU} 反向电压而被迫关断。这一区间，负载电流仍然从 U 相流出经 VT_1、负载、VT_2 而回到电源 W 相，这一区间的整流输出电压为 $u_d = u_U - u_W = u_{UW}$。又经过60°后，进入 $\omega t_3 \sim \omega t_4$ 区间，V 相电位变为最高，在 VT_3 的自然换相点 3 处，即 ωt_3 时刻，VT_3 被触发导通。W 相晶闸管 VT_2 的阴极电位仍为最低，负载电流从 U 相换到从 V 相流出，经 VT_3、负载、VT_2 回到电源 W 相。整流变压器 V、W 两相工作，输出电压为 $u_d = u_V - u_W = u_{VW}$。其他区间，依此类推，并遵循如下规律：

（1）三相全控桥整流电路任一时刻必须有两只晶闸管同时导通，才能形成负载电流，其中一只在共阳极组，另一只在共阴极组。

（2）整流输出电压 u_d 波形是由电源线电压 u_{UV}、u_{UW}、u_{VW}、u_{VU}、u_{WU} 和 u_{WV} 的轮流输出所

组成的，各线电压正半波交点 1 ~ 6 分别是 VT_1 ~ VT_6 的自然换相点。晶闸管的导通顺序及输出电压关系如图 3.24 所示。

$u_{UV}\begin{bmatrix}VT_6\\VT_1\end{bmatrix} \rightarrow u_{UW}\begin{bmatrix}VT_1\\VT_2\end{bmatrix} \rightarrow u_{VW}\begin{bmatrix}VT_2\\VT_3\end{bmatrix} \rightarrow u_{VU}\begin{bmatrix}VT_3\\VT_4\end{bmatrix} \rightarrow u_{WU}\begin{bmatrix}VT_4\\VT_5\end{bmatrix} \rightarrow u_{VW}\begin{bmatrix}VT_5\\VT_6\end{bmatrix}$

图 3.24　晶闸管导通顺序与输出电压的关系图

（3）六只晶闸管中每管导通 120°，每间隔 60°有一只晶闸管换流。

2. 对触发脉冲的要求

如果要保证整流桥路在任何时刻共阴极组和共阳极组各有一只晶闸管同时导通，那么对应该导通的一对晶闸管必须同时给出触发脉冲，可用如下两种触发方式：

（1）采用单宽脉冲触发。如图 3.23（d）所示，使每个触发脉冲的宽度大于 60°而小于 120°（如 80°~ 100°），在相隔 60°换相时，当后一个脉冲出现时，而前一个脉冲还未消失，所以在任何换相点均能同时触发相邻两只晶闸管。比如，在触发 VT_3 时，由于 VT_2 的触发脉冲 u_{g2} 还未消失，所以 VT_3 与 VT_2 同时被触发导通。

（2）采用双窄脉冲触发。如图 3.23（e）所示，当触发某一相晶闸管时，触发电路可以同时给前一相晶闸管补发一个辅助脉冲。比如：在送出 1 号脉冲触发 VT_1 的同时，对 VT_6 也送出 6′号辅助脉冲，如此 VT_1 与 VT_6 就能同时被触发导通；在送出 2 号脉冲触发 VT_2 的同时，对 VT_1 也送出 1 号辅助脉冲，这样 VT_1 与 VT_2 就能同时被触发导通。其余各管依次导通，保证在任一时刻有两管同时导通。双窄脉冲的触发电路虽然较复杂，但它可以减少触发电路的输出功率，缩小脉冲变压器的铁芯体积，所以这种触发方式应用较为广泛。

3. 不同触发延迟角时电路的电压、电流波形

上述三相桥式全控整流电路带有反电动势串大电感的负载，因属于大电感性质，所以只要输出整流电压平均值不为零，每只晶闸管的导通角都是 120°，与触发延迟角 α 大小无关。负载电流为连续平稳的一条水平线，而流过晶闸管与变压器绕组的电流均为方波。

（1）$\alpha = 60°$时的波形。如图 3.25（a）所示，电源线电压 u_{WV} 与 u_{UV} 相交点 1 为 VT_1 的自然换相点，亦是 VT_1 的 α 起算点，过该点 60°触发电路同时向 VT_1 与 VT_6 送出窄脉冲，于是 VT_1 与 VT_6 同时被触发导通，输出整流电压 u_d 为 u_{UV}。当过 60°电角度 u_{UV} 波形已降到零，但此时触发电路又立即同时触发，VT_2 与 VT_1 导通。VT_2 的导通，使 VT_6 承受反向电压而被关断，于是输出整流电压 u_d 变为 u_{UW} 波形，负载电流从 VT_6 换到 VT_2，其余依次类推。至于晶闸管两端电压波形的画法，与三相半波电路分析方法相同，即晶闸管本身导通时电压为零；同组相邻晶闸管导通时，就承受相应线电压波形的某一段。u_{T1} 的波形如图 3.25（a）所示。

（2）$\alpha > 60°$时的波形。如图 3.25（b）所示，当 $\alpha > 60°$时，波形出现了负面积，但由于大电感负载，只要输出电压波形 u_d 的平均值不为零，晶闸管的导通角总是能维持 120°。由此可见，当 $\alpha = 90°$时，输出整流电压 u_d 波形正负面积相等，平均值为零，如图 3.25（b）所示。所以，在三相桥式全控整流电路大电感负载时，移相范围只能为 0°~ 90°。

4. 各电量的计算

（1）整流输出电压平均值 U_d。在 $0° \leqslant \alpha \leqslant 90°$ 范围，对于大电感负载，负载电流连续，晶闸管导通角均为 120°，输出整流电压 u_d 波形连续，整流输出电压平均值 U_d 为

$$U_{\mathrm{d}} = \frac{6}{2\pi} \int_{\frac{\pi}{3}+\alpha}^{\frac{2}{3}\pi+\alpha} \sqrt{6}\,U_2 \sin\omega t \mathrm{d}(\omega t) = \frac{3\sqrt{6}}{\pi} U_2 \cos\alpha \approx 2.34 U_2 \cos\alpha \qquad (3.70)$$

式中：U_2——变压器二次绕组的相电压有效值。

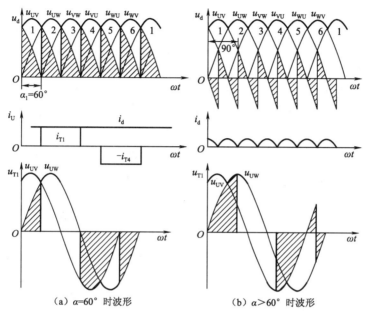

（a）$\alpha = 60°$ 时波形　　　　　　（b）$\alpha > 60°$ 时波形

图 3.25　三相桥式全控整流电路大电感负载不同角时电压、电流波形图

（2）负载电流平均值 I_{d} 为

$$I_{\mathrm{d}} = \frac{U_{\mathrm{d}} - E}{R_{\Sigma}} \qquad (3.71)$$

式中：E——直流电动机电枢反电动势；

$\qquad R_{\Sigma}$——回路总电阻，它包括电枢绕组电阻、平波电抗器及整流变压器等效内阻等。

（3）整流变压器二次电流有效值 I_2。如图 3.25（a）中 i_{U} 波形，由于 i_2 波形是方波，且一周期内有 2/3 的时间在工作，所以星形接法的二次电流有效值 I_2 为

$$I_2 = \sqrt{\frac{2}{3}}\,I_{\mathrm{d}} = 0.816 I_{\mathrm{d}} \qquad (3.72)$$

（4）流过晶闸管的电流平均值 I_{dT}、有效值 I_{T} 和晶闸管承受的最高电压 U_{TM}。因为流过晶闸管的电流是方波，一周期内每管仅导通 1/3 的时间，所以，流过晶闸管的电流平均值 I_{dT} 和有效值 I_{T} 分别为

$$I_{\mathrm{dT}} = \frac{1}{3} I_{\mathrm{d}} \approx 0.33 I_{\mathrm{d}} \qquad (3.73)$$

$$I_{\mathrm{T}} = \sqrt{\frac{1}{3}}\,I_{\mathrm{d}} \approx 0.577 I_{\mathrm{d}} \qquad (3.74)$$

晶闸管两端承受的最高电压与三相半波整流电路一样，为线电压的最大值，即

$$U_{\mathrm{TM}} = \sqrt{6}\,U_2 \approx 2.45 U_2 \qquad (3.75)$$

总之，三相桥式全控整流电路输出电压脉动小、脉动频率高，基波频率为 300 Hz，在负载要求相同的直流电压下，晶闸管承受的最大正反向电压将比三相半波整流电路减小一半，变压器的容量也较小，同时三相电流平衡，不需要中性线，适用于要求大功率、高电压、可

变直流电源的负载。但电路须用六只晶闸管，触发电路也较复杂，所以一般只用于要求能进行有源逆变的负载，或中大容量要求可逆调速的直流电动机负载。对一般电阻性负载，或不可逆直流调速系统等，可采用三相半控桥整流电路。

5. 自关断器件在相控整流电路中的应用

目前，晶闸管变流电路已被极为广泛地使用，但由于晶闸管本身无自关断能力，使常规的晶闸管变流装置只能按滞后相角控制原理运行，它从电网吸取滞后的无功电流，使得功率因数降低，加大了线路损耗。采用自关断器件（如 GTR、IGBT）组成变流电路可以实现超前相角控制，它不需要从电网吸取滞后的无功电流，其超前电流能起到提高功率因数，减少线路损耗的作用。

图 3.26（a）所示为用电力晶体管组成的三相桥式全控整流带电感性负载的电路，以 GTR 取代了图 3.23 所示的晶闸管。当移相触发延迟角 $\alpha = 0°$ 时，晶体管装置和晶闸管装置的电压、电流波形是重合的；当触发延迟角沿自然换相点右移时，将与晶闸管装置一样可以实现滞后相角控制，即每间隔 60° 分别给晶体管 VT_1、VT_2、VT_3、VT_4、VT_5 和 VT_6 的基极加上脉宽为 120° 的驱动信号，使它们具有如图 3.23 中晶闸管的同样工作过程，则在负载两端就可获得六脉波的幅值可调的直流电压。其电压、电流各电量计算方法也与晶闸管电路时相同，在此再重复讨论。以下就如何实现超前相角控制的问题做进一步分析。

由于晶体管的通断完全受基极电流的控制，只要在自然换相点之前，使已导通的晶体管的基极电流为零，强迫使其关断，同时给下一相相应的晶体管基极加上驱动信号使其导通，就可以实现超前相角控制。如图 3.26（b）所示，在 ωt_2 之前，VT_1 和 VT_2 处于饱和导通状态，到 ωt_2 时刻使 VT_1 驱动电流为零，同时给 VT_3 加基极驱动电流，虽然此时 $u_V < u_U$，但由于晶体管导通只受基极电流的控制，VT_1 必然关断，并使 VT_3 导通。图 3.26（b）中给出了当 $\alpha = -30°$ 时负载电压 u_d 及流过整流变压器二次绕组相电流 i_U 的波形。

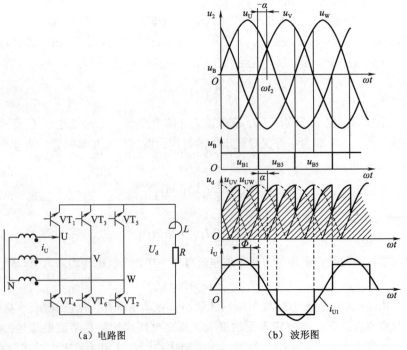

（a）电路图　　　　（b）波形图

图 3.26　晶体管相控流电路和波形图

超前相角控制的波形不同于滞后相角控制，其区别在于，前者的触发延迟角 α 由自然换相点向左计算；后者的触发延迟角 α 由自然换相点向右计算。电路中六只晶体管的工作顺序与负载电压关系也同图 3.23 所示。由此可见，整流变压器二次绕组相电流 i_U 的基波电流 i_{U1} 超前于电源相电压 u_U 一个 Φ 角（$\Phi = \alpha$），实现了超前相角控制，电网向晶体管整流装置提供的是超前的无功电流。在晶闸管三相桥式全控整流电路分析中得到的各有关电量的计算公式，均适用于晶体管超前相角控制电路。

3.2.3 变压器漏抗对整流电路的影响

只要是带有电源变压器的变流电路，不可避免地存在着变压器绕组的漏感。在前面单相和三相可控整流电路分析电感性负载整流电压的过程中，忽略漏感的影响，假设晶闸管的换相是瞬时完成的。在分析中，每相的漏感可以用一个集中的电感来表示，如图 3.27（a）中的 L_T，且其值是折算到变压器二次 [侧] 的，由于电感器要阻止电流的变化，因此它使流过晶闸管的电流不能跃变，相邻两相所接晶闸管的换流（亦称换相）不可能瞬时完成，存在着两个晶闸管同时导通换流的过程，也就是存在着换相重叠角问题。

1. 换流期间整流输出电压 u'_d

下面以三相半波可控整流带大电感负载电路为例进行分析。如图 3.27（a）所示，图中 L_T 为变压器每相折算到二次绕组的漏感参数。图 3.27（b）是在触发延迟角为 α 时电压与电流的波形。在 ωt_1 时刻触发 VT_1，由于变压器漏抗存在，流过 VT_3 的 V 相电流 i_V 只能从零开始上升，而 VT_1 的 U 相电流从 I_d 开始下降，当 $\omega t_1 = \omega t_2$ 时，V 相电流已上升到 I_d，U 相电流已下降到零，VT_1 被关断，即换流结束。把 $\omega t_1 \sim \omega t_2$ 这段时间称为换流时间，其相应的电角度定义为换相重叠角，用 γ 表示。通常 γ 愈大，则相应换流时间愈长，当 α 一定时，γ 的大小与变压器的漏抗及负载电流大小成正比。

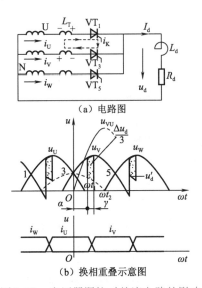

（a）电路图

（b）换相重叠示意图

图 3.27 变压器漏抗对整流电路的影响

在负载电流从 U 相换到 V 相过程中 VT_1 和 VT_3 同时导通，相当于这两相之间出现短路。短路电压（$u_V - u_U$）在这两相漏抗的回路中产生一个短路电流 i_K，如图 3.27（a）中虚线所

示。如果忽略变压器内阻压降和晶闸管的管压降，短路电压为两相漏感感应电动势所平衡，则

$$u_d' = u_V - L_T\frac{di_K}{dt} = u_U + L_T\frac{di_K}{dt} = u_V - \frac{u_V - u_U}{2} = \frac{u_U + u_V}{2} \tag{3.76}$$

这样，两相换流期间电路输出整流电压 u_d' 为

$$u_d' = u_V - L_T\frac{di_K}{dt} = u_U + L_T\frac{di_K}{dt} = u_V - \frac{u_V - u_U}{2} = \frac{u_U + u_V}{2} \tag{3.77}$$

由式（3.77）可知，在换相过程中输出整流电压 u_d' 波形是 u_U 与 u_V 这两相电压波形平均值的轨迹，如图 3.27（b）所示。可见，在相同 α 时，与不考虑变压器漏抗（即 $\gamma = 0$）时整流输出电压波形相比，一周期内少了三块阴影面积（若三相全控桥就少了六块阴影面积）。这三块阴影面积对应的换相压降平均值 ΔU_d 为

$$\Delta U_d = \frac{3}{2\pi}\int_\alpha^{\alpha+\gamma}(u_V - u_d')d(\omega t) = \frac{3}{2\pi}\int_\alpha^{\alpha+\gamma}\left(u_V - \frac{u_U + u_V}{2}\right)d(\omega t)$$

$$= \frac{3}{2\pi}\int_\alpha^{\alpha+\gamma}L_T\frac{di_K}{dt}d(\omega t) = \frac{3}{2\pi}\int_\alpha^{\alpha+\gamma}L_T\omega\frac{di_K}{d(\omega t)}d(\omega t) = \frac{3X_T}{2\pi}I_d \tag{3.78}$$

式中，X_T 为变压器每相折算到二次绕组的漏抗，它可根据变压器的铭牌数据求得，即 $X_T = U_2 \cdot u_K\% / I_{2N}$（$u_K\%$ 变压器的短路电压百分比，一般为 $5\% \sim 10\%$）；U_2 为变压器二次〔侧〕相电压有效值；I_{2N} 为变压器二次〔侧〕额定相电流。

同理，如果是 m 相可控整流电路（三相全控桥时，$m=6$），其换相压降平均值为

$$\Delta U_d = \frac{m}{2\pi}\int_\alpha^{\alpha+\gamma}(u_V - u_d')d(\omega t) = \frac{m}{2\pi}\int_\alpha^{\alpha+\gamma}\left(u_V - \frac{u_U + u_V}{2}\right)d(\omega t)$$

$$= \frac{m}{2\pi}\int_\alpha^{\alpha+\gamma}L_T\frac{di_K}{dt}d(\omega t) = \frac{m}{2\pi}\int_\alpha^{\alpha+\gamma}L_T\omega\frac{di_K}{d(\omega t)}d(\omega t) = \frac{mX_T}{2\pi}I_d \tag{3.79}$$

可见，换相平均压降 ΔU_d 大小与负载电流 I_d 成正比，这相当于可控整流电源增加了一项内阻，其阻值为 $mX_T/2\pi$，区别仅在于这项内阻并不消耗有功功率。

2. 考虑变压器漏抗等因素后的整流输出电压平均值U_d

可控整流电路对直流负载来说，是一个有一定内阻的可变直流电源，其内阻应包括换相等效电阻 $mX_T/2\pi$，变压器绕组导线电阻 R_T（为变压器一次绕组折算到二次〔侧〕后再与二次〔侧〕每相电阻相加之和）以及晶闸管压降的等效内阻 $\Delta U_T/I_{T(AV)}$。所以，三相半波可控整流带大电感负载电路在考虑以上这些压降之后，整流输出电压平均值 U_d 为

$$U_d = 1.17U_2\cos\alpha - \frac{3}{2\pi}X_TI_d - R_TI_d - \Delta U_T$$

$$= 1.17U_2\cos\alpha - R_iI_d - \Delta U_T \tag{3.80}$$

式中：ΔU_T——晶闸管通态平均电压（即管压降），一般以每管 1 V 计算；

R_i——整流变压器等效内阻，$R_i = \frac{3}{2\pi}X_T + R_T$。

同理，三相全控桥大电感负载考虑换相压降等因素后输出整流电压平均值为

$$U_d = 2.34U_2\cos\alpha - \frac{6}{2\pi}X_TI_d - 2R_TI_d - 2\Delta U_T$$

$$= 2.34U_2\cos\alpha - R_iI_d - 2\Delta U_T \tag{3.81}$$

三相全控桥电路的等效内阻 R_i 和晶闸管导通时的管压降均是三相半波电路的两倍。

经分析可知，变压器漏抗的存在能限制短路电流和抑制电流、电压的变化率。但漏抗的存在，产生了换相重叠，使整流电路的交流输入端电压波形发生畸变，使电源电压波形出现很小缺口和毛刺。同时，也要影响到晶闸管上的电压波形，如图 3.28 所示。这种畸变波形将对自身的控制电路以及其他设备的正常工作带来不良影响。因此，实际的整流电源装置的输入端应加滤波器，以消除这种畸变波形。另外，漏抗还会使整流装置的功率因数变坏，电压脉动系数增加，输出电压的调整率降低。

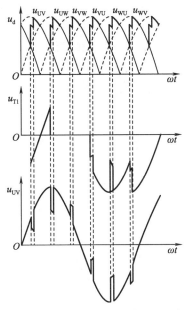

图 3.28　考虑换相过程影响的波形（三相桥式）

3.3　可控整流电路应用实践

3.3.1　各种常用可控整流电路的选用

表 3.5 是几种常用的晶闸管可控整流电路的基本参数及性能比较。可根据实际情况选择电阻性负载和带续流二极管的电感性负载。

表 3.5 中 U_2 是电源变压器次级电压的有效值，I_d 是整流输出电流的平均值，均为晶闸管全导通情况下。从表 3.5 中可以看出，单相半波整流电路最简单，但各项指标都较差，只适用于小功率和对输出电压波形要求不高的场合。单相半控桥式整流电路各项性能较好，只是电压脉动率仍较大，故最适合小功率电路。

三相半控桥式整流电路各项指标一般，因此在实际应用中不多。三相半控桥式整流电路，各项性能指标都很好，在要求一定输出电压的情况下，元件承受的峰值电压最低，因此最适合于大功率、高电压电路。

综上所述，一般情况下选用晶闸管主电路必须从设备的经济性、可靠性等方面同时考虑，其原则如下：

（1）小功率电路一般可选择性能稳定的单相半控桥。

（2）大功率电路优先考虑三相半控桥；要求逆变功能的应选用三相全控桥。

以上提到的仅是选用的一些基本原则，具体选用时，还应根据负载性质、容量大小、电源情况等进行具体分析，比较确定。

表3.5　几种常用的晶闸管可控整流电路的基本参数及性能比较

名　称			单相半波	单相半控桥	三相半控桥
输出电压平均值			$0 \sim 0.45U_2$	$0 \sim 0.9U_2$	$0 \sim 2.3U_2$
晶闸管	移相范围		π	π	π
	导通角 θ		最大 π	最大 π	最大 $2\pi/3$
	最大正向电压		$\sqrt{2}U_2$	$\sqrt{2}U_2$	$\sqrt{6}U_2$
	最大反向电压		$\sqrt{2}U_2$	$\sqrt{2}U_2$	$\sqrt{6}U_2$
	电阻性负载全导通	电流平均值	I_d	$I_d/2$	$I_d/3$
		电流有效值	$1.57I_d$	$0.785I_d$	$0.587I_d$
	电感性负载	电流平均值	$I_d/2$	$I_d/2$	$I_d/3$
		电流有效值	$0.707I_d$	$0.707I_d$	$0.587I_d$

3.3.2　可控整流电路应用中的保护措施

目前晶闸管额定电压可达几千伏，额定电流可达千安，同时，晶闸管作为一种电子器件，过载能力很差，因此在使用中必须采取过电压和过电流保护措施。正确完备的保护是晶闸管装置能否正常可靠运行的关键。

晶闸管的过电流和过电压能力很差，短时间的过电流或过电压都可能造成元件的损坏，因此在晶闸管装置中必须采取适当的保护措施。

1. 过电流保护

当流过晶闸管的电流有效值超过它的额定通态平均电流时，称为过电流。产生过电流的原因主要是负载过大、输出回路发生短路等。过电流保护的意义是当发生过电流时，能迅速将过电流切断，以防晶闸管损坏。过电流保护措施主要有过电流继电器保护、快速熔断器保护等，其中采用快速熔断器较为普遍。常用的快速熔断器有 RLS 系列，快速熔断器在电路中的接入方法有三种，如图 3.29 所示。第一种是接在直流侧，它和直流输出电路串联，能对输出回路短路或过载起到保护作用；第二种是与晶闸管串联，因为串联电路中电流处处相等，所以可对晶闸管起直接保护作用；第三种是接在交流侧，这种接法对晶闸管或整流二极管短路和直流输出回路短路均起到保护作用。

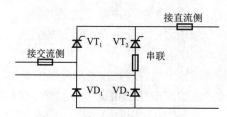

图 3.29　快速熔断器的接入方法

2. 过电压保护

当加在晶闸管上的电压超过其额定电压时，称为过电压。产生过电压的因素很多。例如，在电源变压器的一次［侧］断开、接通，直流侧感性负载的切断，快速熔断器的熔断和突然跳闸等情况下，有时雷电从电网侵入也可能引起过电压。

（1）阻容吸收保护。电路中产生过电压的实质是电路中积累的电磁能量释放不掉。过电压保护是吸收或消散这些能量。一旦电路中发生过电压，由于电容器两端的电压不能突变，这就有效地抑制了过电压。阻容吸收保护是晶闸管过电压保护的基本方法，在电路中有三种几本连接形式：并联在整流装置的交流侧；在直流侧与负载并联；与晶闸管直接并联。具体如图 3.30 所示。

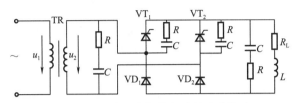

图 3.30　阻容吸收保护电路的几种接法

（2）用并联压敏电阻器吸收浪涌电压。目前常用的非线性电阻器是金属－氧化物压敏电阻器，压敏电阻器正常漏电流极小，损耗可忽略，遇到过电压被击穿，可短时通过数千安的雷击放电电流，因此抑制过电压能力很强，电路如图 3.31 所示。

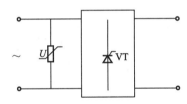

图 3.31　用并联压敏电阻器吸收浪涌电压

3. 其他注意事项

电工设备中的晶闸管大多工作于大电流状态，使用中除了要采用必要的过电流、过电压等保护措施外，还要注意下面几点：

（1）正确地计算和合理地选择晶闸管的主要参数，并留有足够的安全裕量。在多只晶闸管同时使用时，尽量选择触发特性一致的晶闸管，如稍有偏差，可在门极电路中串电阻器来调整。

（2）严格遵守规定的工作条件，空气冷却时环境温度应在 30～40 ℃之间，水冷却时应在 40～50 ℃之间，空气相对湿度不大于 85％，晶闸管周围环境不应有腐蚀金属和破坏绝缘及导电的粉尘。

（3）在符合规定的冷却条件时，一般 3 A 以下晶闸管依靠金属管壳和引线散热。5 A 以上晶闸管要安装相应的散热器，并使散热器与管壳之间接触良好。一般散热方式的选择原则为：20 A 以下靠空气自然冷却，30～100 A 要求以 5 m/s 以上的风速进行风冷，200 A 以上可以用风冷，也可以用水冷或油类冷却，800 A 以上必须采取液体冷却方式。

（4）晶闸管的门极过载能力差，门极要有适当的保护措施，触发脉冲电压或电流要大于手册或产品合格证上提供的额定值，但绝不能超过允许的极限值。

（5）严禁用兆欧表（摇表）来检查晶闸管的绝缘情况。

（6）在安装或更换晶闸管时，应重视晶闸管与散热器的接触面状态和拧紧程度，可在接触面涂一层薄的有机硅油或硅脂。

3.3.3　单结晶体管触发的晶闸管调光电路的安装与调试

单结晶体管触发的晶闸管调光电路可使灯泡两端的电压在几十伏至200 V范围内变化，调光作用显著。如图3.32所示，VT、R_2、R_3、R_4、R_P、C组成单结晶体管的张弛振荡器。在接通电源前，电容器C上电压为零；接通电源后，电容器经由R_4、R_P充电使电压U_E逐渐升高。当U_C达到峰点电压时，E-B_1间变成导通，电容器上电压经E-B_1向电阻器R_3放电，在R_3上输出一个脉冲电压。由于R_4、R_P的电阻值较大，当电容器上的电压降到谷点电压时，经由R_4、R_P供给的电流小于谷点电流，不能满足导通要求，于是单结晶体管恢复阻断状态。此后，电容器又重新充电，重复上述过程，结果在电容器上形成锯齿状电压，在R_3上形成脉冲电压。在交流电压的每个半周期内，单结晶体管都将输出一组脉冲，起作用的第一个脉冲去触发VT的门极，使晶闸管导通，灯泡发光。改变R_P的电阻值，可以改变电容器充电的快慢，即改变锯齿波的振荡频率。从而改变晶闸管VT的导通角大小，即改变了可控整流电路的直流平均输出电压，达到调节灯泡亮度的目的。

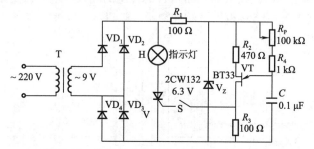

图3.32　单结晶体管触发的晶闸管调光电路

1. 训练内容

安装并调试图3.32所示的单结晶体管触发的晶闸管调光电路。

2. 设备、工具和材料准备

（1）仪器、仪表。通用示波器一台，正弦信号发生器一台，直流稳压电源一台，常用电子工具一套。

（2）元器件。晶闸管直流调光电路元器件一套见表3.6。三联或双联万能印制电路板（600 mm×70 mm×2 mm）；单股镀锌铜线 AV 0.1mm²（红色）；多股镀锌铜线 AVR 0.1mm²（白色）；松香和焊锡丝等，其数量按需要而定。

表3.6　晶闸管直流调光电路元器件

序　号	代号与名称	规　格	数　量
1	电源变压器 T	220 V/9 V	1
2	整流二极管 VD_1、VD_2、VD_3、VD_4	IN4007	4
3	稳压二极管 V_Z	2CW132	1
4	晶闸管 V	BT151	1
5	单结晶体管 VT	BT33	1

序　号	代号与名称		规　格	数　量
6	电阻器	R_1、R_3	100 Ω	2
7		R_2	470 Ω	1
8		R_4	1 kΩ	1
9	电位器 R_P		100 kΩ	1
10	指示灯		—	1
11	电容器 C		0.1 μF	1
12	开关		单刀单掷	1

3. 训练步骤

（1）安装：

① 先准备好无线电常用工具，根据图 3.32 所示的晶闸管调光电路原理图整理出相应的明细表，见表 3.6，准备好相应的元器件，并检测元器件，检查电阻器、二极管、稳压二极管和电容器等元器件外观是否有损坏；检查电子元器件技术数据是否与实际相符合；然后用万用表粗略测量电子元器件的质量好坏。

② 焊接：

焊接电阻器。采用"五步焊接法"焊接电阻器。五步焊接法操作示意图如图 3.33 所示。第一步，准备焊接，准备焊锡丝和烙铁。此时特别强调的是烙铁头部要保持干净，才能保证烙铁头部沾上焊锡（俗称"吃锡"）。第二步，加热焊件，烙铁接触焊接点，使焊件均匀受热。注意，首先要确保烙铁均匀加热焊件各部分，例如，印制电路板上引线和焊盘都要均匀受热，其次要让烙铁头的扁平部分（较大部分）·接触热容量较大的焊件，烙铁头的侧面或边缘部分接触热容量较小的焊件，以保持焊件均匀受热。第三步，熔化焊料，当焊件加热到能熔化焊料的温度后将焊锡丝置于焊点，焊料开始熔融并浸润焊点。第四步，移开焊锡丝，当焊锡熔融并浸润焊盘时移开焊锡丝。第五步，移开烙铁，当焊锡完全浸润焊点后移开烙铁。

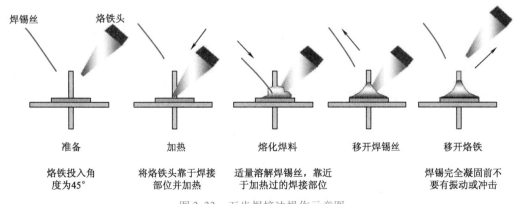

图 3.33　五步焊接法操作示意图

五步焊接法操作要点：第一，焊件表面处理，手工烙铁焊接中遇到的焊件往往都需要进行表面清理工作，去除焊接面上的锈迹、油污、灰尘等影响焊接质量的杂质。手工操作中常

第3章 可控整流电路分析

用机械刮磨和酒精、丙酮擦洗等简单易行的方法。第二，预焊，将要锡焊的元件引线的焊接部位预先用焊锡湿润，是不可缺少的操作。第三，不要用过量的焊剂，合适的焊剂应该是松香水仅能浸湿的将要形成的焊点，不要让松香水透过印制电路板流到元件面或插孔里。使用松香焊锡时不需要再涂焊剂。第四，保持烙铁头清洁，烙铁头表面氧化的一层黑色杂质会形成隔热层，使烙铁头失去加热作用，要随时在烙铁架上蹭去杂质，或者用一块湿布或湿海绵随时擦烙铁头。第五，焊锡量要合适，焊件要固定。烙铁撤离要讲究，撤烙铁头时轻轻旋转一下，可保持焊点适量的焊料。

焊接电容器。采用"五步焊接法"焊接电容器。注意电解电容器有正负极性之分，焊接时，不要弄错，而其他电容器无极性之分。

焊接二极管、稳压二极管。采用"三步焊接法"焊接二极管、稳压二极管。注意焊接二极管、稳压二极管时间要短，控制在 $2 \sim 4$ s 之内，以防烫坏二极管；稳压二极管焊接后，引脚的正负极性一定要正确，否则会造成电路短路。"三步焊接法"是当焊接操作比较熟悉时，自然把"五步焊接法"的第一步、第二步合为一个步骤，把第四步、第五步合为一个步骤，即为"三步焊接法"。

焊接单结晶体管和晶闸管。焊接方法可根据熟练程度采用"五步焊接法"或"三步焊接法"，焊接时要先对照电路图确认器件各引脚的连接关系，同时要检测器件是否正常，以及各引脚的序号，防止装错引脚位置。

焊接连接导线。采用电阻器的焊接法进行导线焊接。用硬铜导线根据电路的电气连接关系进行布线并焊接固定。接线与焊接规范：布线美观、横平竖直、接线牢固、无虚焊、焊点符合要求。

（2）电路的测试：

① 根据电路图或接线图从电源端开始，逐步逐段校对电子元件的技术参数与电路图相对应；逐步逐段校对连接导线，检查焊点有无虚焊及其外观质量。

② 分析电路图的工作原理，确定电路图中调试的关键点。

③ 用示波器观察各点波形是否符合要求。合上开关 S，调节 R_P，用示波器观察指示灯两端电压 u_H（负载电压）波形，记录波形的形状，测量波形的频率和幅值，同时仔细观察指示灯亮度的变化，将其记入表 3.7 中。

表 3.7　测试记录表

	负载电压 u_H		指示灯亮度变化	当增大 R_P 时
	频率			当减小 R_P 时
	幅值			

其中，用示波器测量波形时，垂直输入灵敏度选择开关（V/div）每格_____ V 挡；扫描时间转换开关（s/div）每格_____ ms 挡。

（3）注意事项：

① 带开关电位器用螺母固定在印制电路板的孔上，电位器接线引脚用导线连接到印制电路板的所在位置。

② 灯泡安装在灯头插座上，灯头插座固定在印制电路板上。根据灯头插座的尺寸，在印

制电路板上钻固定孔和导线串接孔。

③ 印制电路板四周用四个螺母固定、支撑。

④ 由于电路直接与220 V电源相连接，调试时应注意安全，防止触电。调试前认真、仔细检查各元件安装情况及主电路与控制电路接线是否正确，特别注意晶闸管的门极不要与其他部分发生短路。最后接上灯泡，进行调试。

⑤ 控制电路不可用调压变压器作为电源，而主电路在调试时可用调压变压器的低电压调试。由BT33组成的单结晶体管张弛振荡电路停振，可能造成灯泡不亮，或灯泡不可调光。其原因可能是BT33或C损坏。

⑥ 电位器顺时针旋转时，灯泡逐渐变暗，可能是电位器中心抽头接错位置。

⑦ 当调节电位器R_P至最小时，灯泡突然熄灭，则应适当增大电阻R_4的阻值。

⑧ 安装时，注意安全操作。

4. 评分标准

评分标准见表3.8。

表3.8 评分标准

序号	内容	评分标准	分值	得分
1	电路安装	电路安装不正确，每处扣5分	25	
		元件不完好，有损坏，每处损坏扣2.5分	5	
		布局层次不合理，主次分不清，每处扣5分	10	
		接线不规范，每处扣2分	10	
2	调试	通电调试不成功，每次扣10分	20	
3	波形的测量	（1）不能正确使用示波器测量波形，扣10分；（2）测量的结果（波形形状和幅度）不正确，每处错误扣5分	20	
4	工时	90 min	10	
5	备注	合计		
		教师签字		

练　习

1. 单相半波可控整流电路，如门极不加触发脉冲、晶闸管内部短路、晶闸管内部断开，试分析上述三种情况下晶闸管两端电压和负载两端电压波形。

2. 有一单相半波可控整流电路，带电阻性负载$R_d = 10\ \Omega$，交流电源直接从220 V电网获得，试求：

（1）输出电压平均值U_d的调节范围；

（2）计算晶闸管电压与电流并选择晶闸管。

3. 单相半波可控整流电路，带电阻性负载。要求输出的直流平均电压在$50 \sim 92$ V之间连续可调，最大输出直流平均电流为30 A，直接由交流电网220 V供电，试求：

（1）控制角α应有的可调范围；

（2）负载电阻的最大有功功率及最大功率因数；

（3）选择晶闸管型号规格（安全裕量取2倍）。

第 **3** 章　可控整流电路分析

4. 某电阻性负载要求 0~24 V 直流电压，最大负载电流 $I_d = 30$ A，如用 220 V 交流直接供电与用变压器降压到 60 V 供电，都采用单相半波可控整流电路，是否都能满足要求？试比较两种供电方案所选晶闸管的导通角、额定电压、额定电流、电源和变压器二次［侧］的功率因数，以及对电源容量的要求有何不同、两种方案哪种更合理（考虑 2 倍裕量）？

5. 单相桥式全控整流电路中，若有一只晶闸管因过电流而烧成短路，结果会怎样？若这只晶闸管烧成断路，结果又会怎样？

6. 如图 3.34 所示电路，已知电源电压为 220 V，电阻和电感串联构成的负载中，负载电阻 $R_d = 5$ Ω，晶闸管的控制角为 60°。

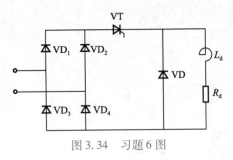

图 3.34　习题 6 图

（1）试画出晶闸管两端承受的电压波形。

（2）晶闸管和续流二极管每周期导通多少度？

（3）选择晶闸管型号规格。

7. 若要求充电机输出电流平均值为 15 A，主电路采用单相半波可控整流电路和单相桥式全控整流电路时，分别应该选多大的熔断器？

8. 现有单相半波、单相桥式、三相半波三种整流电路，带电阻性负载，负载电流 I_d 都是 40 A，试问流过与晶闸管串联的熔断器的平均电流、有效电流各为多大？

9. 三相半波可控整流电路，如果三只晶闸管共用一套触发电路，如图 3.35 所示，每隔 120° 同时给三只晶闸管送出脉冲，电路能否正常工作？此时电路带电阻性负载时的移相范围是多少？

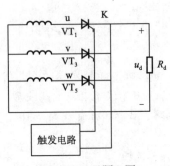

图 3.35　习题 9 图

10. 三相全控桥式整流电路带大电感负载如图 3.36 所示，负载电阻 $R_d = 4$ Ω，要求 U_d 从 0~220 V 之间变化。试求：

（1）不考虑控制角裕量时，整流变压器二次线电压。

（2）计算晶闸管电压、电流值，如电压、电流取 2 倍安全裕量，选择晶闸管型号规格。

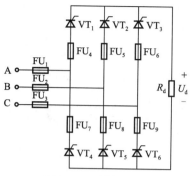

图 3.36　习题 10 图

11. 在图 3.36 所示电路中，当 $\alpha = 60°$ 时，画出下列故障情况下的 u_d 波形。

（1）熔断器 FU_1 熔断。

（2）熔断器 FU_5 熔断。

（3）熔断器 FU_6、FU_3 同时熔断。

直流变换电路分析与制作

直流变换电路是指利用电力电子器件将一种直流电变换为另一种固定电压或可调电压的直流电的电路，又称直流-直流变换器（DC/DC Converter），简称直流变换器。本章主要对光伏发电系统中的直流变换电路进行介绍。

4.1 光伏控制器

太阳能是一种可再生的清洁能源，在人们生活、工作中有广泛的作用，其中之一就是将太阳能转换为电能。太阳能发电分为光热发电和光伏发电。通常说的太阳能发电指的是太阳能光伏发电，具有无动部件、无噪声、无污染、可靠性高等特点，在偏远地区的通信供电系统中有极好的应用前景。太阳能光伏发电系统主要由光伏电池组件（或方阵）、光伏控制器、蓄电池、逆变器以及一些测试、监控、防护等附属设施组成，如图4.1所示。

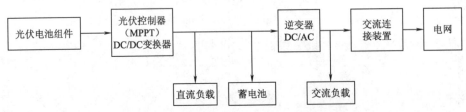

图4.1　太阳能光伏发电系统组成框图

太阳能光伏发电系统各部分的作用如下：

（1）光伏电池组件。光伏电池组件又称光伏电池板（即光伏电池板），是光伏发电系统中的核心部分，也是太阳能供电系统中价值最高的部分。其作用是将太阳光的辐射能量转换为电能，或送往蓄电池中存储起来，或推动负载工作。光伏电池组件的质量和成本将直接决定整个系统的质量和成本。当发电容量较大时，就需要用多块光伏电池组件串并联后构成光伏电池方阵。

（2）光伏控制器。光伏控制器的作用是控制整个太阳能光伏发电系统的工作状态，并对蓄电池起到过充电保护、过放电保护的作用。由于光伏电池组件具有强烈的非线性特性，为保证光伏电池组件在任何日照和环境温度下始终可以输出相应的最大功率，通常引入光伏电池最大功率点跟踪（MPPT）控制。

DC/DC变换器（即直流变换器）的主要作用：一是调节光伏电池的工作点，使其工作在最大功率点处，二是限制蓄电池充电电压范围。通过升压作用，将光伏电池组件产生的一定范围内波动的直流电压转换为稳定输出的直流电压。另外，最大功率点跟踪一般也是在这里出现。

（3）蓄电池。蓄电池的作用主要是存储光伏电池发出的电能，并可随时向负载供电。太阳能光伏发电系统对蓄电池的基本要求是：自放电率低、使用寿命长、充电效率高、深放电能力强、工作温度范围宽、少维护或免维护以及价格低廉。目前为太阳能光伏发电系统配套使用的主要是免维护铅酸电池，在小型、微型系统中，也可用镍氢电池、镍镉电池、锂电池或超级电容器。当需要大容量电能存储时，就需要将多只蓄电池串、并联起来构成蓄电池组。

（4）光伏发电系统附属设施。光伏发电系统的附属设施包括直流配线系统、交流配电系统、运行监控和检测系统、防雷和接地系统等。

由于光伏电池组件所发出的电能随着天气、环境、负荷等变化而不断变化，故其所发出的电能的质量和性能很差，很难直接供给负荷使用，这就需要由电力电子器件构成的变换器对电能进行适当的变换和控制，变成适合负载使用的电能供给负载或电网。另外，在光伏发电系统充电、放电以及逆变等环节加入直流变换器，可以实现不同的控制方法，为提高光伏发电系统的整体效率带来可能。

4.1.1 光伏控制器概述

光伏控制器是太阳能光伏发电系统的核心部件之一，也是平衡系统的主要组成部分。在小型太阳能光伏发电系统中，光伏控制器主要用来保护蓄电池。在大中型太阳能光伏发电系统中，光伏控制器担负着平衡太阳能光伏系统能量，保护蓄电池及整个系统正常工作和显示系统工作状态等重要作用，光伏控制器可以单独使用，也可以和逆变器等合为一体。在特殊的应用场合中，特别对于小型光伏发电系统，光伏控制器决定了一个系统的功能。所以，必须掌握小型或独立太阳能光伏发电系统的光伏控制器的功能及典型控制电路制作方法。

常见光伏控制器外形如图 4.2 所示。

图 4.2　常见光伏控制器外形

1. 光伏控制器的功能

光伏控制器应具有以下功能：

（1）防止蓄电池过充电和过放电，延长蓄电池使用寿命；

（2）防止光伏电池板或电池方阵、蓄电池极性接反；

（3）防止负载、控制器、逆变器和其他设备内部短路；

（4）具有防雷击引起的击穿保护；

（5）具有温度补偿的功能；

（6）显示太阳能光伏发电系统的各种工作状态，包括蓄电池（组）电压、负载状态、电池方阵工作状态、辅助电源状态、环境温度状态、故障报警等。

2. 光伏控制器的分类及基本原理

光伏控制器按电路方式的不同分为并联型、串联型、脉宽调制型、多路控制型、智能型和最大功率跟踪型；按电池组件输入功率和负载功率的不同可分为小功率型、中功率型、大功率型及专用控制器（如草坪灯控制器）等；按放电过程控制方式的不同，可分为常规过放电控制型和剩余电量（SOC）放电全过程控制型。对于应用了微处理器的电路，实现了软件编程和智能控制，并附带有自动数据采集、数据显示和远程通信功能的控制器，称为智能控制器。

（1）并联型光伏控制器的基本原理。并联型光伏控制器又称旁路型控制器，它是利用并联在光伏阵列两端的机械或电子开关器件控制充电过程。当蓄电池充满电时，把光伏电池的输出分流到旁路电阻器或功率模块上，然后以热的形式消耗掉；当蓄电池电压回落到一定值时，再断开旁路恢复充电。由于这种方式消耗热能，所以一般用于小型、小功率系统，其原理图如图 4.3 所示。

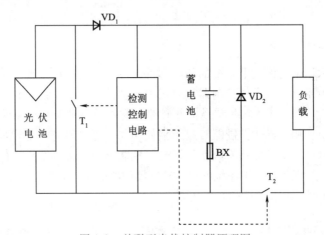

图 4.3　并联型光伏控制器原理图

充电回路的开关器件 T_1 并联在光伏阵列的输出端，当蓄电池的电压大于充满断开电压时，开关器件 T_1 导通，同时二极管 VD_1 截止，此时光伏阵列的输出电流通过开关器件 T_1 被短路释放，不再对蓄电池进行充电，从而保证蓄电池不会出现过充电，起到过充电保护作用。电路中 VD_1 为防反充二极管，只有当光伏阵列输出电压大于蓄电池两端电压时，VD_1 才能导通；反之，VD_1 截止，从而保证蓄电池在夜晚或阴雨天气时不会出现向光伏阵列反向送电的现象。

图 4.3 中开关器件 T_2 为蓄电池放电控制开关，但流过的负载电流大于额定电流出现过载或负载短路时，开关器件 T_2 关断，起到输出过载保护和输出短路保护的作用。同时，当蓄电池电压小于过放电电压时，开关器件 T_2 也关断，进行蓄电池的过放电保护

图 4.3 中 VD_2 为防反接二极管，当蓄电池极性接反时，VD_2 导通，蓄电池将通过 VD_2 短路放电，产生很大的短路电流将熔丝熔断，起到防蓄电池反接保护作用。

检测控制电路随时对蓄电池电压进行检测，当蓄电池电压高于充满切断电压时，开关器件 T_1 导通进行过充电保护，当蓄电池电压回落到某一数值时，开关器件 T_1 断开，恢复充电；放电控制也类似，当电压低于过放电电压时，开关器件 T_2 关断，进行过放电保护，而当电压

回升到某一数值时，开关器件 T_2 再次接通，恢复放电。

（2）串联型光伏控制器的基本原理。串联型光伏控制器是利用串联在充电回路中的机械或电子开关器件控制充电过程。当蓄电池充满电时，开关管断开充电回路，停止为蓄电池充电；当蓄电池电压回落到一定值时，充电回路再次接通，继续为蓄电池充电。串联在回路中的开关管还可以在夜间切断光伏电池供电，取代防反充二极管。串联型光伏控制器具有结构简单，价格便宜等特点，但由于控制开关是串联在充电回路中的，电路的电压损失较大，使充电效率有所降低。

串联型光伏控制器原理图如图 4.4 所示，开关器件 T_1 为充电控制开关，开关器件 T_2 为放电控制开关，当蓄电池充满电时，开关器件 T_1 断开充电回路，停止为蓄电池充电；当蓄电池电压回落到一定值时，充电回路再次接通，继续为蓄电池充电；放电时，T_2 闭合，蓄电池为负载供电，当蓄电池电压低于放电保护电压时，T_2 断开，停止放电。VD_1 为防反充二极管，主要是防止蓄电池放电时给光伏电池送电，熔丝 BX 与二极管 VD_2 组成蓄电池反接保护电路，当在安装过程中不慎将蓄电池的正负极接反，VD_2 导通，瞬时将熔丝 BX 融断，实现蓄电池与系统保护。

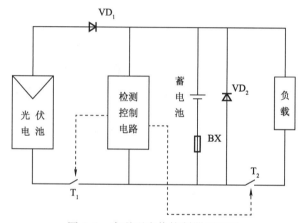

图 4.4　串联型光伏控制器原理图

（3）脉宽调制型光伏控制器的基本原理。该光伏控制器以 PWM 脉冲方式控制光伏组件对蓄电池的充电过程，当蓄电池逐渐趋向充满时，随着其端电压的逐渐升高，PWM 电路输出脉冲的频率和时间都发生变化，使开关器件的导通时间延长、间隔缩短，充电电流逐渐趋近于零。当蓄电池电压由充满电向下降时，充电电流又会逐渐增大。与前两种光伏控制器电路相比，脉宽调制型光伏控制器充电控制方式虽然没有固定的过充电电压断开点和恢复点，但是电路会控制当蓄电池端电压达到过充电控制点附近时，其充电电流要趋近于零。这种充电过程能形成较完整的充电状态，其平均充电电流的瞬时变化更符合蓄电池当前的充电状况，能够增加光伏发电系统的充电效率并延长蓄电池的总循环寿命。另外，脉宽调制型光伏控制器还可以实现光伏发电系统的最大功率点跟踪功能，因此可作为大功率控制器用于大型光伏发电系统中。脉宽调制型光伏控制器的缺点是控制器的自身工作有 4%～8% 的功率损耗。原理图如图 4.5 所示。

（4）多路控制型光伏控制器的基本原理。多路控制型光伏控制器一般用于几千瓦以上的大功率光伏发电系统，将光伏电池方阵分成多个支路接入控制器。当蓄电池充满时，控制器将光伏电池方阵各支路逐路断开；当蓄电池电压回落到一定值时，控制器再将光伏电池方阵逐路接通，实现对蓄电池组充电电压和电流的调节。这种控制方式属于增量控制法，可以近似达到脉宽调制控制器的效果，路数越多，增幅越小，越接近线性调节。但路数越多，成本也越高，因此确定光伏电池方阵路数时，要综合考虑控制效果和控制器的成本。

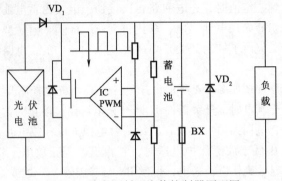

图 4.5　脉宽调制型光伏控制器原理图

多路控制型光伏控制器原理图如图 4.6 所示，当蓄电池充满电时，控制电路将控制开关器件从 T_1 至 T_n 顺序断开相应光伏电池组件，当第一路光伏电池组件断开后，控制电路检测蓄电池电压是否低于设定值，若低于设定值，则控制电路等待；等到蓄电池电压再次充电到设定值，再断开第二路光伏电池组件，类似第一路光伏电池组件；相反的，当蓄电池电压低于恢复点电压时，执行相反过程，被断开的光伏电池支路依次顺序接通，直到阳光非常微弱时或天黑之前全部接通。图 4.6 中 VD_1 至 VD_n 是各个光伏电池支路的防反充二极管，V 为蓄电池电压表，A_1 和 A_2 分别是充电电流表和放电电流表。

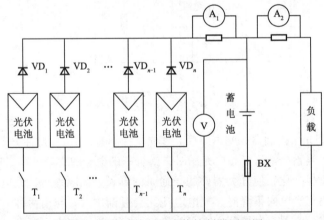

图 4.6　多路控制型光伏控制器原理图

（5）智能型光伏控制器基本原理。智能型光伏控制器的主电路同其他控制器一样（见图 4.7），也可以是并联型、串联型、PWM 型和多路型。智能型光伏控制器采用 CPU 或 MCU 等微处理器和高精度 A/D 转换器，构成一个微机数据采集和监测控制系统，既可高速实时采集太阳能光伏发电系统的运行状态，又可以按照一定的控制规律由单片机内程序对单路或多路光伏组件进行切断与接通的智能控制。此外，该控制器还具有串行通信数据传输功能，可将多个光伏系统子站进行远距离通信和控制。

（6）最大功率点跟踪型光伏控制器基本原理。最大功率点跟踪型光伏控制器的原理是将光伏电池方阵的电压和电流检测后相乘得到功率，判断光伏电池方阵此时的输出功率是否达到最大，若不在最大功率点运行，则调整脉冲宽度、调制输出占空比、改变充电电流，再次进行实时采样，并做出是否改变占空比的判断。通过这样的寻优跟踪过程，可以保证光伏电池方阵始终运行在最大功率点。最大功率点跟踪型控制器可以使光伏电池方阵始终保持在最大功率点状态，以充分利用光伏电池方阵的输出能量。同时，采用 PWM 调制方式，使充电电流成为脉冲电流，以减少蓄电池的极化，提高充电效率。

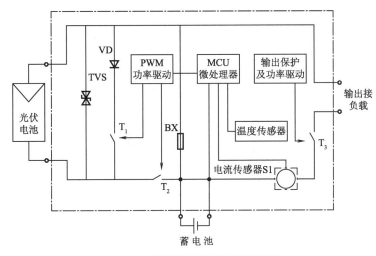

图 4.7 智能型光伏控制器原理图

3. 光伏控制器的主要技术参数

（1）系统电压。系统电压又称额定工作电压，是指光伏发电系统的直流工作电压，电压一般为 12 V 和 24 V，中、大功率控制器也有 48 V、110 V、220 V 等。

（2）最大充电电流。最大充电电流是指光伏电池组件或方阵输出的最大电流，根据功率大小分为 5 A、6 A、8 A、10 A、12 A、15 A、20 A、30 A、40 A、50 A、70 A、100 A、150 A、200 A、250 A、300 A 等多种规格。有些厂家用光伏电池组件最大功率来表示这一技术参数，间接地体现了最大充电电流。

（3）光伏电池方阵输入路数。小功率光伏控制器一般都是单路输入，而大功率光伏控制器都是由光伏电池方阵多路输入，一般大功率光伏控制器可输入 6 路，最多的可接入 12 路、18 路。

（4）电路自身损耗。光伏控制器电路自身损耗也是其主要技术参数之一，又称空载损耗（静态电流）或最大自消耗电流。为了降低控制器的损耗，提高光伏电源的转换效率，控制器的电路自身损耗要尽可能低。控制器的最大自身损耗不得超过其额定充电电流的 1% 或 0.4W。根据电路不同，自身损耗一般为 5~20 mA。

（5）蓄电池的过充电保护电压（HVD）。蓄电池过充电保护电压又称充满断开或过电压关断电压，一般可根据需要及蓄电池类型的不同，设定在 14.1~14.5 V（12 V 系统）、28.2~29 V（24 V 系统）和 56.4~58 V（48 V 系统）之间，典型值分别为 14.4 V、28.8 V 和 57.6 V。蓄电池过充电保护的关断恢复电压（HVR）一般设定为 13.1~13.4 V（12 V 系统）、26.2~26.8 V（24 V 系统）和 52.4~53.6 V（48 V 系统）之间，典型值分别为 13.2 V、26.4 V 和 52.8 V。

（6）蓄电池的过放电保护电压（LVD）。蓄电池的过放电保护电压又称欠电压断开或欠电压关断电压，一般可根据需要及蓄电池类型的不同，设定在 10.8~11.4 V（12 V 系统）、21.6~22.8 V（24 V 系统）和 43.2~45.6 V（48 V 系统）之间，典型值分别为 II.1 V、22.2 V

和 44.4 V。蓄电池过放电保护的关断恢复电压（LVR）一般设定为 12.1～12.6 V（12 V 系统）、24.2～25.2 V（24 V 系统）和 48.4～50.4 V（48 V 系统）之间，典型值分别为 12.4 V、24.8 V 和 49.6 V。

（7）蓄电池充电浮充电压。蓄电池的充电浮充电压一般为 13.7 V（12 V 系统）、27.4 V（24 V 系统）和 54.8 V（48 V 系统）。

（8）温度补偿。光伏控制器一般都具有温度补偿功能，以适应不同的环境工作温度，为蓄电池设置更为合理的充电电压。光伏控制器的温度补偿系数应满足蓄电池的技术要求，其温度补偿值一般为 -20～-40 mV/℃。

（9）工作环境温度。控制器的使用或工作环境温度范围随厂家不同一般在 -20～+50 ℃之间。

（10）其他保护功能：

① 光伏控制器输入/输出短路保护功能。光伏控制器的输入/输出电路都要具有短路保护电路，提供保护功能。

② 防反充保护功能。光伏控制器要具有防止蓄电池向光伏电池反向充电的保护功能。

③ 极性反接保护功能。光伏电池组件或蓄电池接入光伏控制器，当极性接反时，控制器要具有保护电路的功能。

④ 防雷击保护功能。光伏控制器输入端应具有防雷击的保护功能，避雷器的类型和额定值应能确保吸收预期的冲击能量。

⑤ 耐冲击电压和冲击电流保护。在光伏控制器的光伏电池输入端施加 1.25 倍的标称电压持续 1 h，光伏控制器不应该损坏。将光伏控制器充电回路电流达到标称电流的 1.25 倍并持续 1 h，光伏控制器也不应该损坏。

4.1.2　光伏控制器应用电路分析

1. 铅酸蓄电池充放电控制电路

（1）电路结构。铅酸蓄电池充放电电路结构如图 4.8 所示。双电压比较器 LM393 两个反相输入端②引脚和⑥引脚连接在一起，并由稳压管 ZD_1 提供 6.2 V 的基准电压作为比较电压，两个输出端①引脚和⑦引脚分别接反馈电阻器，将部分输出信号反馈到同相输入端③引脚和⑤引脚，这样就把双电压比较器变成了双迟滞电压比较器，可使电路在比较电压的临界点附近不会产生振荡。R_1、R_{P1}、C_1、A_2、VT_1、VT_2 和 J_1 组成过充电压检测比较控制电路；R_3、R_{P2}、C_2、A_1、VT_3、VT_4 和 J_2 组成过放电压检测比较控制电路。电位器 R_{P1} 和 R_{P2} 起调节设定过充、过放电压的作用。可调三端稳压器 LM371 提供给 LM393 稳定的 8 V 工作电压。被充电电池为 12 V/65 A·h 全密封免维护铅酸蓄电池；太阳能电池用一块 40 W 硅光伏电池组件，在标准光照下输出 17 V、2.3 A 左右的直流工作电压和电流；VD_1 是防反充二极管，防止硅光伏电池在太阳光较弱时成为耗电器。

（2）工作原理。当太阳光照射的时候，硅光伏电池组件产生的直流电流经过 J_{1-1} 常闭触点和 R_1，使 LED_1 发光，等待对蓄电池进行充电；S 闭合，三端稳压器输出 8 V 电压，电路开始工作，过充电压检测比较控制电路和过放电压检测比较控制电路同时对蓄电池端电压进行检测比较。当蓄电池端电压小于预先设定的过充电压值时，A_1 的⑥引脚电位高于⑤引脚电位，⑦引脚输出低电位使 VT_1 截止，VT_2 导通，LED_2 发光指示充电，J_1 动作，其接点 J_{1-1} 转换位置，硅光伏电池组件通过 VD_1 对蓄电池充电。蓄电池逐渐被充满，当其端电压大于预先设定的过充电压值时，A_1 的⑥引脚电位低于⑤引脚电位，⑦引脚输出高电位使 VT_1 导通，VT_2 截止，LED_2 熄灭，J_1 释放，J_{1-1} 断开充电回路，LED_1 发光，指示停止充电。

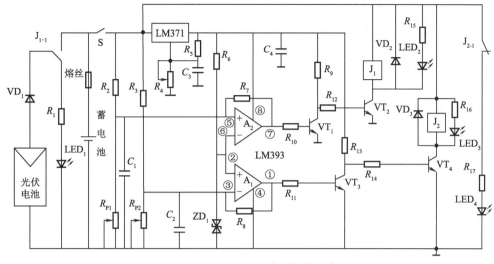

图 4.8　铅酸蓄电池充放电控制电路图

当蓄电池端电压大于预先设定的过放电压值时，A_1 的③引脚电位高于②引脚电位，①引脚输出高电位使 VT_3 导通，VT_4 截止，LED_3 熄灭，J_2 释放。其常闭触点 J_{2-1} 闭合，LED_4 发光，指示负载工作正常；蓄电池对负载放电时端电压会逐渐降低，当端电压降低到小于预先设定的过放电压值时，A_1 的③引脚电位低于②引脚电位，①引脚输出低电位使 VT_3 截止，LED_4 熄灭。另一常闭接点 J_{2-2}（图 4.8 中未绘出）也断开，切断负载回路，避免蓄电池继续放电。闭合 S，蓄电池又充电。

2. 太阳能草坪灯控制电路

太阳能草坪灯具有安全、节能、环保、安装方便等特点。它主要利用光伏电池的能量为草坪灯供电。当白天太阳光照射在光伏电池上时，光伏电池将光能转变为电能并通过控制电路将电能存储在蓄电池中。天黑后，蓄电池中的电能通过控制电路为草坪灯的 LED 光源供电。第二天早晨天亮时，蓄电池停止为 LED 光源供电，草坪灯熄灭，光伏电池继续为蓄电池充电，周而复始、循环工作。太阳能草坪灯的控制电路就是通过外界光线的强弱让草坪灯按上述方式进行工作。下面就介绍几款常用控制电路的构成和简要工作原理。

图 4.9 是早期的一款太阳能草坪灯控制电路。它是通过光敏电阻器来检测光线强弱的。当有太阳光时，光伏电池产生的电能通过 VD_1 为蓄电池 DC 充电。光敏电阻器 R_2 呈现低阻值，使 VT_2 基极为低电平而截止。当晚上无光时，光伏电池停止为蓄电池充电，VD_1 的设置阻止了蓄电池向光伏电池反向放电。同时，光敏电阻器由低阻值变为高阻值，VT_2 导通，VT_1 基极为低电平也导通，由 VT_3、VT_4、C_2、R_5、L 等组成的直流升压电路得电工作，LED 发光。直流升压电路实际上就是一个互补振荡电路，其工作过程是：当 VT_1 导通时，电源通过 L、R_5、VT_2 向 C_2 充电，由于 C_2 两端电压不能突变，使 VT_3 基极为高电平，VT_3 不导通，随着 C_2 的充电，其电压降越来越高，VT_3 基极电位越来越低，当低至 VT_3 导通电压时 VT_3 导通，VT_4 随即导通，C_2 通过 VT_4 放电，放电完毕 VT_3、VT_4 再次截止，电源再次向 C_2 充电，如此周而复始，电路形成振荡。在振荡过程中，VT_4 导通时电源经 L 到地，电流经 L 储能。当 VT_4 截止

时，L 两端产生感应电动势和电源电压叠加后驱动LED发光。

为防止蓄电池过度放电，电路中增加 R_4 和 VT_2 构成过放保护，当蓄电池电压低至 2 V 时，由于 R_4 的分压使 VT_2 不能导通，电路停止工作，蓄电池得到保护。当将光伏电池和蓄电池的电压提高到 3.6 V 时，可将本电路简化，去掉 VT_3、VT_4 的互补振荡升压电路，直接驱动 LED 发光。

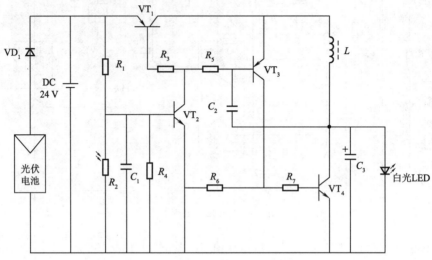

图 4.9　早期的一款太阳能草坪灯控制电路原理图

图 4.10 是一个简单的太阳能草坪灯控制电路原理图。该电路也可用在太阳能草皮灯及太阳能光控玩具中。与图 4.9 电路相比，其不再用光敏电阻器检测光线强弱来控制电路的工作与否，而是用光伏电池兼作光线强弱的检测，因为光伏电池本身就是一个很好的光敏传感器件。当有太阳光照射时，光伏电池发出的电能通过二极管 VD 向蓄电池 DC 充电，同时光伏电池的电压也通过 R_1 加到 VT_1 的基极，使 VT_1 导通，VT_2、VT_3 截止，LED 不发光。当黑夜来临时，光伏电池两端电压几乎为零，此时 VT_1 截止，VT_2、VT_3 导通，蓄电池中的电压通过 S、R_4 加到 LED 两端，LED 发光。该电路中，光伏电池兼作光控元件，调整 R_1 的阻值，可根据光线强弱调整灯的工作控制点。该电路的不足是没有防止蓄电池过度放电的电路或元件，当灯长时间在黑暗中时，蓄电池中的电能会基本耗尽。开关 S 就是为了防止草坪灯在存储和运输当中将蓄电池的电能耗尽而设置的。

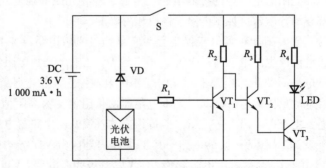

图 4.10　简单的太阳能草坪灯控制电路原理图

图 4.11 是一款目前运用较多的草坪灯控制电路原理图。图 4.11 中 VT_3、VT_4、L、C_1 和 R_5 组成互补振荡升压电路，其工作原理与图 4.9 所示电路基本相同，只是电路供电和存储采

用了1.2 V的蓄电池。VT_1、VT_2组成光控制开关电路，当光伏电池上的电压低于0.9 V时，VT_1截止，VT_2导通，VT_3、VT_4等构成的升压电路工作，LED发光。当天亮时，光伏电池电压高于0.9 V，VT_1导通，VT_2截止，VT_3同时截止，电路停止振荡，LED不发光。调整R_2的阻值，可调整开关灯的启控点。当蓄电池电压降到0.7～0.8 V时，该电路将停止振荡。有些设计者认为这是这款电路的优点，就是蓄电池电压降到0.7 V草坪灯还能工作。而对于1.2 V的蓄电池来说，似乎已经有点过放电了，长期过放电必将影响蓄电池的使用寿命。因此有些厂家在图4.11电路的基础上，做了一点改进，即在VT_3的发射极与电源正之间串入了一个二极管，由于二极管的接入，使VT_3进入放大区的电压叠加了0.2 V左右，使得整个电路在蓄电池电压降到0.9～1.0 V时停止工作。经过改进的电路蓄电池的使用寿命大致可以延长一倍。

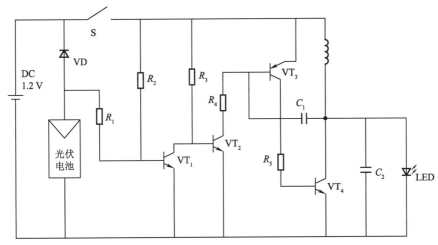

图4.11　目前运用较多的太阳能草坪灯控制电路原理图

3. 太阳能LED驱动电路

（1）系统组成。整个系统由六个部分组成，包括光伏电池、充电稳压电路、超级电容器、升压电路、控制电路、LED。其结构如图4.12所示。

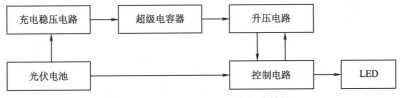

图4.12　太阳能LED驱动电路结构

首先由充电稳压电路控制光伏电池给超级电容器充电，然后超级电容器连接升压电路进行升压，给后续电路供电。控制电路通过比较光伏电池电压与超级电容器电压，光伏电池电压与设定的基准电压来决定是否开启LED，以此来实现自动控制。

（2）电路原理。充电及稳压电路如图4.13（a）所示。用于控制光伏电池对超级电容器充电，同时限制超级电容器两端的最高电压以保护超级电容器。此部分有一个肖特基二极管、一个稳压二极管。肖特基二极管用来防止在光线较弱时超级电容器通过光伏电池放电，稳压二极管用来限制电容器两端的最高电压。

升压电路如图4.13（b）所示。用来给整个后续电路提供一个稳定的3.3 V电压，用于使后续电路如 LED、比较器正常工作。包括一个 BL8530 芯片、一个电感器、一个电解电容器、一个肖特基二极管。

控制电路如图 4.13（c）所示。用来控制 LED 在光强时关闭，光弱时开启。包括两个电压比较器，比较器 A_1，用来验证电容器是否有电，比较器 A_2 用来验证外界光线是强是弱。只有外界光线足够弱，弱到光伏电池的电压低于设定的基准电压，同时低于超级电容器的电压时，控制电路才会开启 LED，上述两个条件只要有一个不满足，LED 都不会被点亮。

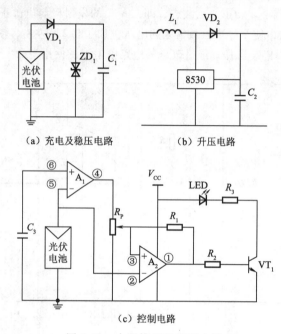

（a）充电及稳压电路　　（b）升压电路

（c）控制电路

图 4.13　太阳能 LED 驱动电路

4.1.3　直流变换电路分析

直流变换电路是利用电力电子器件的开关动作将一种直流电变换为另一种固定电压或可调电压的直流电的电路。光伏直流充电控制器实质上为一个直流变换器装置，它是系统中最为关键的环节之一，直接关系到整个系统的运行效率和可靠性。

直流变换电路相当于交流电源变压时的变压器，它通过控制开关器件的导通和关断时间，配合电感器和电容器以连续改变直流电压。典型的光伏直流变换电路有直流斩波器和开关型 DC/DC 变换器。典型装置有蓄电池充电器、直流电动机驱动器和电子设备上用的稳压电源装置。直流变换电路分为直接直流变换电路和间接直流变换电路两类，前者没有中间变压器接入，直接进行直流电压变换；后者先将直流电压变换为交流电压，经变压器转换后再变换为直流电压。本节主要介绍直接直流变换电路，而间接直流变换电路将在下一节中介绍。

直流变换装置中，使用电力电子开关器件以很高的开关频率将直流电源反复开关，中间不经过交流环节而进行变换的装置，称为直接式直流变换电路或直流斩波器。以下将对四种基本直流斩波器电路进行分析。

1. 降压斩波电路

（1）降压斩波电路（Buck Chopper）结构。降压斩波电路属于串联型开关变换器，又称降压变换器或 Buck 变换器，由电压源、串联开关、电感器、电容器和二极管构成，该电路的串联型开关是一个全控型器件 VT，图 4.14 中为电力晶体管，也可使用其他器件，如 IGBT，若采用晶闸管，需要设置使晶闸管关断的辅助电路。其电路结构如图 4.14 所示。

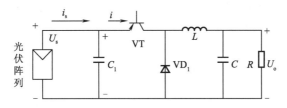

图 4.14　降压斩波电路结构

（2）降压斩波电路工作原理分析。降压斩波电路工作原理是通过斩波形式将平均输出电压予以降低，可以将输入接在光伏电池组件输出端，通过调节其输出电压来达到调节负载的目的，最终能够使得光伏阵列输出电压在其最大功率点的电压和电流处。在分析降压斩波电路的工作原理时，首先假设电路中电感 L 值很大，电容 C 值也很大。

① 当开关管 VT 导通时，光伏电源 U_s 通过线圈 L 向负载和电容器供电，其等效电路如图 4.15（a）所示。在电感线圈未饱和前，电感线圈电流线性增加，电感线圈储能，在负载 R 上流过电流为上升的电流，负载两端输出为上升的电压，极性上正下负，电容器处于充电状态，二极管 VD_1 此时承受反向电压，处于截止状态。

② 当开关管 VT 关断时，由于电感线圈的续流作用，其电流由最初的不变而逐渐下降，负载 R 两端电压仍是上正下负，电容器处于放电状态，有利于维持负载电流和电压不变，此时其等效电路如图 4.15（b）所示，此时二极管 VD_1 承受正向偏置电压，构成电流通路，故称 VD_1 为续流二极管。

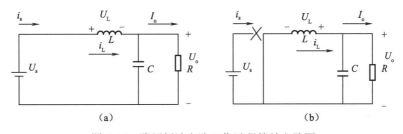

（a）　　　　　　　　　　　（b）

图 4.15　降压斩波电路工作过程等效电路图

由于假设电感 L 和电容 C 很大，负载输出电流和输出电压都连续且维持不变，降压斩波电路电流连续时的波形图如图 4.16 所示。

根据电感伏秒平衡原则：在稳定状态下，一个开关周期中，电感伏秒积的代数和为 0，即电感两端的平均电压为零，即

$$U_L = \frac{1}{T}\int_0^T u_L \mathrm{d}t = 0 \tag{4.1}$$

则

$$\int_0^{t_{on}}(U_s - U_o)\mathrm{d}_t + \int_{t_{on}}^T - U_o\mathrm{d}t = 0 \tag{4.2}$$

整理可得，降压变换器输出电压表达式为

$$U_o = DU_s = \frac{t_{on}}{T}U_s \tag{4.3}$$

式中，T 为开关管控制周期；t_{on} 为开关管每个控制周期内开关的持续导通时间；D 为开关管的导通占空比，简称占空比或导通比。

由于变换器输出电压 U_o 小于光伏阵列输出的电压 U_s，故称它为降压变换器。在开关管 T 接通时，电流 $i > 0$；开关管断开时，电流 $i = 0$，故电流 i 是脉动的。但光伏阵列输出电流 i_s 是连续的，输出电流 I_o 也是连续和平稳的，只是略有一点脉动。

根据对输出电压平均值进行调制的方式不同，降压斩波电路可有三种控制方式：

① 脉冲宽度调制（PWM）或脉冲调宽型：保持开关周期 T 不变，调节开关导通时间 t_{on}。

② 频率调制或调频型：保持开关导通时间 t_{on} 不变，改变开关周期 T。

③ 混合型：t_{on} 和 T 都可调，使占空比改变。其中第①种方式应用最多。

降压变换电路广泛用于光伏阵列最大功率点跟踪、蓄电池充电和光伏直流电动机控制等。其优点是结构简单、效率高、控制易于实现，缺点是只能用于降压输出控制。

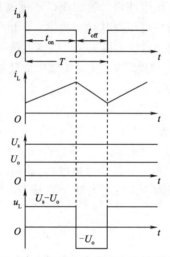

图 4.16　降压斩波电路电流连续时的波形图

2. 升压斩波电路

（1）升压斩波电路（Boost Chopper）结构。升压斩波电路属于并联型开关变换器，又称升压变换器或 Boost 变换器，该电路结构如图 4.17 所示，由光伏阵列、电感器、开关管、二极管、电容器和负载构成。

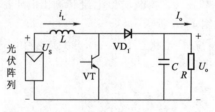

图 4.17　升压斩波电路结构

（2）升压斩波电路工作原理分析。升压斩波电路以电感电流源方式向负载供电，实现负载电压升高的目的。与降压斩波电路不同之处是升压斩波电路中的电感线圈是在开关管的输入端，而降压斩波电路的电感线圈是在开关管的输出端。在光伏发电系统中，升压斩波电路可以被用来将蓄电池或光伏阵列输出的低电压变换为较高电压，以满足较高电压负载的高额定电压需求。在分析升压斩波电路的工作原理时，首先假设电路中电感 L 值很大，电容 C 值也很大。

① 当开关管 T 导通时，升压斩波电路的等效电路如图 4.18（a）所示，电源向电感线圈供电，在电感线圈未饱和前，电感电流 i_L 线性增加，此时电感线圈上的电压 $U_L = L\dfrac{di_L}{dt}$，电能以磁能形式储存在电感线圈 L 中，此时电容器向负载 R 放电，负载 R 上通过电流 I_o，此时负载 R 两端输出电压 U_o 的极性为上正下负。

② 当开关管 T 关断时，升压斩波电路的等效电路如图 4.18（b）所示，此时电感线圈两端的电压极性将会由于电感线圈中的磁场而改变，故电感线圈磁能转化成的电压 U_L 与电源 U_s 串联，以高于电源电压 U_s 向电容器、负载 R 供电，电容器流入充电电流，当输出电压 U_o 有下降趋势时，电容器会向负载 R 放电，最终维持输出电压 U_o 不变。

由于电源电压 U_s 和电感线圈电压 U_L 共同向负载供电，输出电压 U_o 高于电源电压 U_s，所以称它为升压斩波器。

升压斩波器输出电压表达式为

$$U_o = \frac{1}{1-D}U_s = \frac{t_{on} + t_{off}}{t_{off}}U_s = \frac{T}{t_{off}}U_s \tag{4.4}$$

式中，T 为开关管控制周期；t_{on} 为开关管每个控制周期内开关的持续导通时间；D 为开关管的导通占空比，简称占空比或导通比。

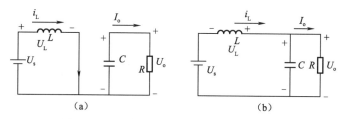

图 4.18　升压斩波电路工作过程等效电路图

升压斩波器可使光伏阵列或蓄电池输出电压高于电源电压从而进行升高电压的变换，关键有两个原因：一是 L 储能之后具有使电压升高的作用，二是电容 C 可将输出电压保持住。同时该电路效率较高，电路结构和控制也较为简单。升压斩波器还可以用于光伏直流输电压系统、光伏照明系统，该斩波器不足之处在于只能进行升压变换，而不能进行降压变换，同时如果电力电子器件开关控制不当，还有可能使得负载电压升高到危险程度。

3. 降升压斩波电路

（1）降升压斩波电路（Buck-Boost Chopper）结构。降升压斩波电路又称降压-升压变换器或 Buck-Boost 变换器，该电路可以看成是一个降压变换器后面串一个升压变换器，其中电源 U_s 可以是光伏阵列输出的直流电或者是蓄电池，其电路结构如图 4.19 所示，由电源、电感器、开关管、二极管、电容器和负载构成。

（2）降升压斩波电路工作原理分析。设电路中电感 L 值很大，电容 C 值也很大，使电感电流 i_L 和电容电压，即负载电压 U_o 基本为恒值。

① 当开关管 T 导通时，电源电压 U_s 向电感线圈供电，使其储存能量，此时电流为 i_s，方向如图 4.19 所示。同时，电容器维持输出电压基本恒定并向负载 R 供电。

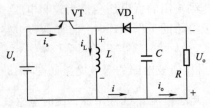

图 4.19　降升压斩波电路结构

② 当开关管 VT 关断时，此时电感线圈两端的电压极性将会由于电感线圈中的磁场而改变，产生反向电动势，为上负下正，电感线圈中储存的能量向负载释放，电流为 i，方向如图 4.19 所示，此时负载电压极性也为上负下正，与电源电压极性相反，与前面介绍的降压斩波电路和升压斩波电路的情况正好相反，因此该电路又称反极性斩波电路或反向输出型变换器。

降升压斩波电路输出电压表达式为

$$U_o = \frac{D}{1-D}U_s = \frac{t_{on}}{t_{off}}U_s \qquad (4.5)$$

式中，$D = \dfrac{t_{on}}{T}$为导通占空比；T 为开关管控制周期；t_{on} 为开关管每个控制周期内开关的持续导通时间。

若改变导通占空比 D，则输出电压既可以比电源电压高，也可以比电源电压低。当 $0.5 < D < 1$ 时为升压斩波器，当 $0 < D < 0.5$ 时为降压斩波器。

因此，降升压斩波电路输出电压可以在比较宽的范围内工作，既可以得到高压也可以得到低于输入电压的输出电压。

4. 库克（Cuk）斩波电路

（1）库克（Cuk）斩波电路（Boost – Buck Chopper）结构。库克（Cuk）斩波电路又称 Boost – Buck 变换器，该电路可以看成是一个升压变换器后面串一个降压变换器，其中电源 U_s 可以是光伏阵列输出的直流电或者是蓄电池，电路结构如图 4.20 所示，由电源、电感器、开关管、二极管、电容器和负载构成。

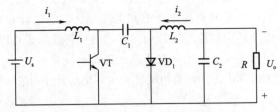

图 4.20　Cuk 斩波电路结构

（2）库克（Cuk）斩波电路工作原理分析。设电路中电感 L 值很大，电容 C 值也很大。

① 当开关管 VT 导通时，即在 t_{on} 期间，电源电压 U_s 向电感线圈供电，使其储存能量，此时电流方向如图 4.21（a）所示，二极管 VD_1 承受反向偏置电压而截止，同时，电容器 C_1 经过开关管 T 放电，放电电流使得电容器 C_2 和电感线圈 L_2 储能，并供电给负载 R。流过开关管 VT 的电流为 $i_1 + i_2$。

② 当开关管 VT 关断时，即在 t_{off} 期间，此时二极管 VD_1 正偏而导通，其等效电路如图 4.21（b）所示，此时电源电压和电感线圈 L_1 的释能电流 i_1 向电容器 C_1 充电，同时

电感线圈 L_2 的释能电流 i_2 以维持负载，流过二极管 VD_1 的电流为 $i_1 + i_2$。

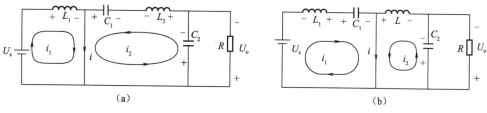

图 4.21 Cuk 斩波电路工作过程等效电路图

库克（Cuk）斩波电路，无论是在开关管 T 导通或关断期间，都能够从输入向输出传递功率，而且在假设所有电感和电容值很大的情况下，流过 L_1 和 L_2 中的电流基本上是固定的。

库克（Cuk）斩波电路输出电压既可高于输出电压也可低于输入电压，与降升压斩波电路相比，该电路有一个明显的优点，就是其输入和输出电流都是连续的，且脉动很小，有利于输入/输出进行滤波，可以广泛应用于光伏发电系统的光伏阵列最大功率点跟踪、光伏照明等。

4.2 直流开关电源

随着科学技术的发展，各种电力电子设备与人类的工作、生活的关系日益密切，而各种电力电子设备都离不开可靠的电源，因此直流开关电源开始发挥着越来越重要的作用，并相继进入各种电子、电气设备领域。

4.2.1 直流开关电源概述

电源是一切电子设备的动力心脏，其质量的好坏直接影响电子设备的可靠性和安全性。而开关电源（Switch Mode Power Supplies，SMPS）是在电子、通信、电气、能源、航空航天、军事以及家电等领域应用非常广泛的一种电力电子装置，是通过控制开关晶体管导通和关断的时间比率来维持稳定输出电压的一种电源，近几年成为电源市场的焦点之一，越来越受到人们的重视。与传统的线性电源相比，开关电源最大的优点是体积小、质量小、效率高。强大的优势使其几乎席卷了整个电子界，同时，由于开关电源技术不断地创新，也为其提供了更为广泛的发展空间。

开关电源是利用现代电力电子技术，控制开关管开通和关断的时间比率，维持稳定输出电压的一种电源。开关电源一般由脉冲宽度调制（PWM）控制 IC 和 MOSFET 构成。随着电力电子技术的发展和创新，使得开关电源技术也在不断地创新。目前，开关电源以小型、轻量和高效率的特点被广泛应用于几乎所有的电子设备，是当今电子信息产业飞速发展不可缺少的一种电源方式。

1. 开关电源的分类

现代开关电源有两种：一种是直流开关电源；另一种是交流开关电源。前者输出质量较高的直流电，后者输出质量较高的交流电。开关电源的核心是功率变换器（电力电子变换器）。功率变换器是应用电力电子器件将一种电能形式转变为另一种电能形式的装置，根据转换电能的种类，可分为四种类型：

（1）直流-直流变换器，它是将一种直流电能转变成另外一种或多种直流电能的变换器，它是直流开关电源的主要部件。

（2）逆变器，它是将直流电转变为交流电的电能变换器，是交流开关电源和不间断电源（UPS）的主要部件。

（3）整流器，它是将交流电转变为直流电的电能变换器。

（4）交-交变频器，它是将一种频率的交流电直接转变为另一种恒定频率或可变频率的交流电，或将变频交流电直接转变为恒频交流电的电能变换器。

这里主要介绍的是直流开关电源，它是具有直流变换器且输出电压恒定或按要求变化的直流电源，其输入为直流电，也可以是交流电。

2. 直流开关电源的工作原理

直流开关电源的基本结构如图 4.22 所示，交流电源输入经过滤波、整流及滤波后变为直流电压 U_s，作为直流变换器（DC/DC 变换器）的输入电压，直流开关电源中的直流变换器是一种直-交-直型变换器，该直流变换器包含逆变器和整流、滤波环节。逆变器首先将直流电变换成高于 20 kHz 的高频矩形波，再通过高频变压器将电压变为所需要的值，然后再通过整流、滤波，最终在输出端得到直流电压 U_o。输出端设置采样电路，将 U_o 的输出大小经采样后与基准电压比较、放大，通过控制电路改变逆变器输出矩形波电压的导通占空比来调节 U_o，从而最终使得 U_o 稳定。

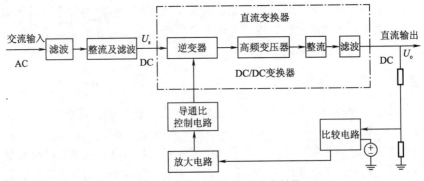

图 4.22　直流开关电源的基本结构

3. 直流开关电源的分类

直流开关电源的核心是直流变换器。因此直流开关电源的分类是依赖直流变换器分类的。也就是说，直流开关电源的分类与直流变换器的分类是基本相同的，直流变换器的分类基本上就是直流开关电源的分类。

直流变换器（DC/DC 变换器）有两种基本类型，即脉宽调制型和谐振型。脉宽调制型直流变换器用控制调节脉冲占空比、间断工作来产生所需的脉冲电压和电流。谐振型直流变换器有零电流谐振式和零电压谐振式：零电流谐振式是开关导通时，电流波形呈正弦波状，导通时间快结束时，电流减为零，因而，可使通断时的开关损耗降为零；同时，也会减少浪涌电流，这种方式称为零电流开关方式。零电压谐振式是通过开关在断开时间内使其上的电压呈正弦波状，在下一次断开之前使其电压降为零，从而减少开关损耗和降低浪涌电压，这种方式称为零电压开关方式。谐振技术以正弦形式处理电力开关管，使得开关管在零电流下换流或者在零电压下换向，降低了开关损耗。

4.2.2 脉宽调制型开关电源

直流变换器是开关电源的一个主要组成部分，直流开关电源基本结构中的直流变换器是一种间接直流变换电路，与直接直流变换电路相比，间接直流变换电路中增加了交流环节，因此又称直-交-直型变换器或间接直流变换器。不论是直接直流变换电路还是间接直流变换电流，两者都是属于脉宽调制型开关电源。

直-交-直型变换器的结构如图4.23所示，它是通过电力电子器件的开关动作将直流电先变为交流电，使用变压器对交流电进行变压，再经整流后又变为电压值不同的直流电，间接直流变换器在将直流电压变换为交流电压时频率是任意可选的，当开关频率较高时，变压器和电感器等磁性元件和平波用电容器可以小型化和轻量化。间接直流变换器在光伏发电系统中，常用于电压变换使用，如直流光伏输电线路、逆变器和负荷间的电压匹配变换等。

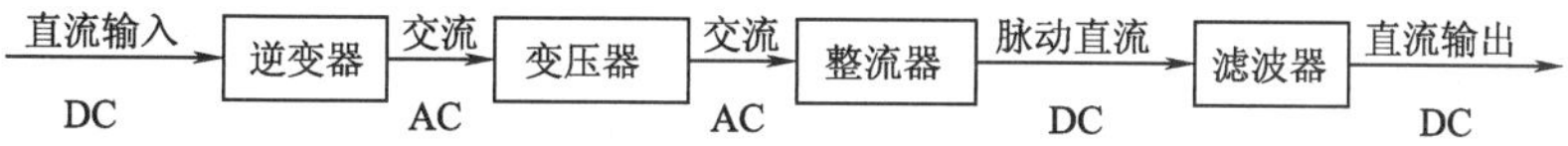

直流输入 DC → 逆变器 → 交流 AC → 变压器 → 交流 AC → 整流器 → 脉动直流 DC → 滤波器 → 直流输出 DC

图4.23　直-交-直型变换器的结构

这种直-交-直型变换器有以下特点：
（1）输入与输出隔离。
（2）某些应用中需要相互隔离的多路输出。
（3）输出电压与输入电压比远小于1或远大于1。
（4）交流环节工作频率较高，可减小变压器、滤波电感器、滤波电容器的体积和质量。随着电力电子器件和磁性材料的技术进步，电路的工作频率可达几百千赫［兹］至几兆赫［兹］，其工作频率远远高于 20 kHz 这一人耳的听觉极限，这样可以避免变压器和电感器产生刺耳的噪声，同时也进一步缩小了体积和质量。

由于工作频率较高，逆变电路通常使用全控型器件，整流电路中通常采用通态压降较低的肖特基二极管或快恢复二极管，在输出低电压的电路中，还采用低导通电阻的 MOSFET 构成同步整流电路，以进一步降低损耗。

间接直流变换电路分为单端（Single End）变换电路和双端（Double End）变换电路两大类。单端变换电路又称单端变换器，是指变压器中流过直流脉动电流，包括正激变换电路和反激变换电路；双端变换电路又称双端变换器，是指变压器中电流为正负对称的交流电流，包括半桥电路、全桥电路和推挽电路。

1. 单端正激变换电路

单端正激变换电路结构如图4.24所示，由于变压器一次线圈磁通是单向的，故称为单端变压器，图4.23中开关器件 T 一般都工作在开关状态，在开关器件 T 导通闭合期间，输入电源经变压器向输出电容器和负载提供能量，所以称为正激变换电路。

单端正激变换电路输出电压表达式为

$$U_o = \left(\frac{N_2}{N_1}\right) D U_s = \frac{N_2}{N_1}\frac{t_{on}}{T} U_s \tag{4.6}$$

式中，$D = \frac{t_{on}}{T}$为导通占空比；T为开关管控制周期；t_{on}为开关管每个控制周期内开关的持续导通时间。

正激变换电路多用于小容量的降压电路，变压器在开关器件 T 导通期间积蓄的励磁能量，需要在开关器件 T 关断期间复位，需要一定的复位时间，否则会造成变压器磁芯的磁饱和。

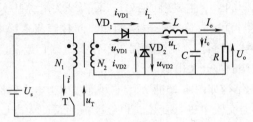

图 4.24 单端正激变换电路结构

2. 单端反激变换电路

单端反激变换电路结构如图 4.25 所示，由于变压器一次线圈磁通是也单向的，故也称为单端变压器，图 4.25 中开关器件 T 一般都工作在开关状态，在开关器件 T 关断断开期间，输入电源经变压器向输出电容器和负载提供能量，所以称为反激变换电路。

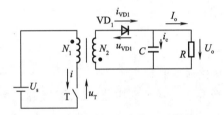

图 4.25 单端反激变换电路结构

3. 推挽变换电路

推挽变换电路结构如图 4.26 所示，由光伏电源 U_s、开关管、变压器、二极管、电感器和电容器构成。推挽变换电路中开关器件 T_1 和开关器件 T_2 交替导通，并以相同的脉冲宽度交替导通和断开。假设变压器的励磁电感 L_m 比变换器输出的平波电感 L 大许多，则励磁电流可以忽略，该电路工作过程如下：

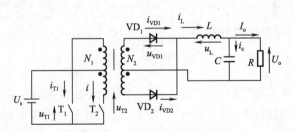

图 4.26 推挽变换电路结构

（1）当开关器件 T_1 导通时，变压器的上半一次绕组上加有输入电压 U_s，电流从一次绕组异名端方向流入，变压器的二次绕组产生与匝数比成正比的电压，二极管 VD_1 反偏截止，VD_2 正偏导通，经电感器 L 向负载供电，电感器电流 i_L 和负载电压 U_o 上升。

（2）当开关器件 T_1 关断，但 T_2 还未导通前，这段时间称为死区时间，由于电感器 L 的电流还在续流，所以二极管 VD_1 和 VD_2 均导通，为电感器续流，此时变压器的两个二次绕组相当于短路，绕组电压为零，在此期间电感器 L 和电容器 C 中的储存能量向负载供电，电感器电流 i_L 和负载电压 U_o 下降。

（3）当开关器件 T_2 导通时，变压器的下半一次绕组上加有输入电压 U_s，电流从一次绕组同名端方向流入，变压器的二次绕组产生与匝数比成正比的电压，二极管 VD_2 反偏截止，VD_1 正偏导通，经电感器 L 向负载供电，电感器电流 i_L 和负载电压 U_o 上升。

（4）当开关器件 T_2 关断，但 T_1 还未导通前，这段时间称为死区时间，由于电感器 L 的电流还在续流，所以二极管 VD_1 和 VD_2 均导通，为电感器续流，电感器电流 i_L 和负载电压 U_o 下降。

此后，以同样的动作重复以上步骤。

推挽变换电路输出电压表达式为

$$U_o = 2D\left(\frac{N_2}{N_1}\right)U_s = 2\frac{t_{on}}{T}\frac{N_2}{N_1}U_s \tag{4.7}$$

式中，$D = \dfrac{t_{on}}{T}$ 为导通占空比；T 为开关管控制周期；t_{on} 为开关管每个控制周期内开关的持续导通时间。若改变占空比 D，则输出电压就可以改变。

由于变压器二次 ［侧］ 和平波电感 L 的动作频率为变压器一次 ［侧］ 动作频率的两倍，所以输出滤波器可以小型化。开关器件 T_1 和 T_2 在开关期间所承受的电压是输入电压的两倍，要求电力开关器件必须有足够的耐压容量，但开关器件工作电流只有单端正激变换电路的一半，所以开关器件的电流额定值可以减小。该电路的缺点是变压器利用率低，开关器件耐压要求较高，同时开关器件 T_1 和 T_2 的导通期间的差异会导致变压器发生偏磁。此种推挽变换电路多应用于中小型直流变换器中。

4. 半桥变换电路

（1）半桥变换电路结构。半桥变换电路结构如图 4.27 所示，由光伏电源 U_s、开关管、变压器、二极管、电感器和电容器构成。在半桥变换电路中，变压器一次 ［侧］ 的两端分别连接在电容器 C_1、C_2 的中点和开关管 T_1、T_2 的中点。T_1 和 T_2 交替导通，使变压器一次 ［侧］ 形成幅值为光伏电源电压一半的交流电压。通过改变开关管的导通占空比，就可以改变变压器二次 ［侧］ 整流输出电压的平均值，即改变了最后的输出电压 U_o。

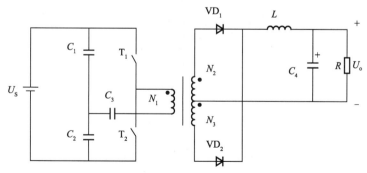

图 4.27　半桥变换电路结构

（2）电路工作过程。T_1 导通时，VD_1 导通；T_2 导通时，VD_2 导通。当两个开关都关断时，N_1 中电流为零，VD_1 和 VD_2 都导通，各分担一半的电感器电流。T_1 或 T_2 导通时，电感器电流逐渐上升；T_1 和 T_2 都关断时，电感器电流逐渐下降；T_1 和 T_2 断态时承受的峰值电压均为 U_s。

由于电容器的隔直作用，半桥电路对由于两个开关导通时间不对称而造成的变压器一次［侧］电压的直流分量有自动平衡的作用，因此不容易发生变压器的偏磁和直流磁饱和。为避免同一侧半桥中上下两个开关管同时导通，每个开关管占空比不能超过 50%，还应留有裕量。

该电路在当滤波电感器 L 的电流连续时，输出电压表达式为

$$U_o = \frac{N_2}{N_1} \frac{t_{on}}{T} U_s = \left(\frac{N_2}{N_1}\right) D U_s \tag{4.8}$$

如果输出电感器电流不连续时，输出电压 U_o 将高于式（4.8）的计算值，在负载为零的极限情况下，有

$$U_o = \frac{N_2}{N_1} \frac{1}{2} U_s \tag{4.9}$$

5. 全桥变换电路

（1）全桥变换电路结构。全桥变换电路结构如图 4.28 所示，由光伏电源 U_s、开关管、变压器、二极管、电感器和电容器构成。全桥变换电路中的逆变电路是由四个开关管组成的，互为对角的两个开关管同时导通，同一侧半桥上下两个开关管交替导通，先将直流电压逆变成幅值为 U_s 的交流电压，加在变压器一次［侧］，然后再通过全波整流电路和滤波电路，最后变成了直流电压。通过改变开关管的导通占空比，就可以改变整流输出的平均值，也就是改变了最后的输出电压 U_o。

（2）电路工作过程。当 T_1 与 T_4 导通时，二极管 VD_1 正偏导通，二极管 VD_2 反偏截止，流过电感器 L 的电流逐渐上升；当 T_2 与 T_3 导通后，二极管 VD_2 导通，二极管 VD_1 反偏截止，此时电感器 L 的电流也上升。当四个开关管都关断时，N_1 中电流为零，VD_1 和 VD_2 都导通，各分担一半的电感器电流，电感器电流逐渐下降；T_1 和 T_2 断态时承受的峰值电压均为 U_s。

如果 T_1、T_4 和 T_2、T_3 的导通时间不对称，则在变压器一次［侧］产生很大的直流分量，会造成磁路饱和，因此全桥变换电路的变压器一次［侧］回路串联了一个电容器来隔断直流，主要是用来避免电压直流分量的产生。为避免同一侧半桥中上下两个开关管同时导通，每个开关管占空比不能超过 50%，还应留有裕量。

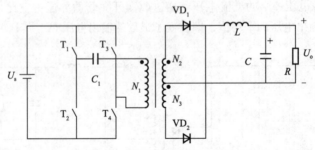

图 4.28　全桥变换电路结构

该电路在当滤波电感器的电流连续时，输出电压表达式为

$$U_o = \frac{N_2}{N_1} 2 \frac{t_{on}}{T} U_s = \left(\frac{N_2}{N_1}\right) 2 D U_s \tag{4.10}$$

如果输出电感器电流不连续时，输出电压 U_o 将高于式（4.10）的计算值，在负载为零的极限情况下，有

$$U_o = \frac{N_2}{N_1} U_s \qquad (4.11)$$

4.2.3 谐振型开关电源

1. 谐振技术的提出

前面讨论了各种脉宽调制型开关电源的工作原理，这些电路一般都是 PWM 控制方式，开关管工作在硬开关状态。由于开关管不是理想器件，在开关管导通时开关管的电压不是立即下降到零，而是有一个下降时间，同时开关管的电流也不是立即上升到负载电流，也有一个上升时间。在这段时间里，电流和电压出现了一个交叠区，产生了损耗，称为开通损耗。当开关管关断时，开关管的电压不是立即从零上升到电源电压，而是有一个上升时间，同时它的电流也不是立即下降到零，也有一个下降时间。在这段时间里，电流和电压也有一个交叠区，产生损耗，称为关断损耗。因此在开关管开关工作时，要产生开通损耗和关断损耗，统称为开关损耗。同时，在硬开关过程中，由于电压、电流的变换很快，波形会出现明显的过冲，这也就导致了开关噪声的产生。开关损耗与开关频率成正比，开关频率越高，开关损耗也就越大，电路的效率也就越低，这就阻碍了开关频率的提高，同时开关噪声也给电路带来了严重的电磁干扰问题，影响周边电子设备的正常工作。所以，开关损耗的存在限制了脉宽调制型开关电源频率的提高，从而限制了脉宽调制型开关电源的小型化和轻量化。

直流开关电源的发展趋势是小型化、模块化、高频化和智能化，高频化是小型化和模块化的基础，也就是说，要追求小型化比如减小几何尺寸及质量等，就必须要提高工作频率，而脉宽调制型开关电源的主要不足就是在较高的频率时，开关损耗会增大，电路效率会下降。因此，为了减小开关电源的体积和质量，必须实现高频化，要提高开关频率，同时提高电路效率，就必须减小开关损耗，改善开关条件，使电压为零或电流为零状态下来控制开关管的开关状态，使其在开关过程中减小功率损耗，从而显著提高工作频率，降低体积和质量，使工作效率大大提高，这就是谐振技术，又称软开关技术。

谐振技术就是在原来的开关电路中增加很小的电感器 L_r、电容 C_r 等谐振元件，构成辅助换流网络，在开关过程前引入谐振过程，开关开通前电压先降为零，或关断前电流先降为零，就可以消除开关过程中电压、电流的重叠，降低它们的变化率，从而大大减小甚至消除损耗和开关噪声。

从前面的分析可知，开关损耗包括开通损耗和关断损耗，减小开通损耗有以下几种方法：

（1）在开关管开通时，使其电流保持为零，或者限制电流的上升率，从而减小电流与电压的交叠区，这就是所谓的零电流开通。

（2）在开关管开通前，使其电压下降到零，这就是所谓的零电压开通，开通损耗基本减小到零。同时做到以上两点，开通损耗就为零。

减小关断损耗有以下几种方法：

（1）在开关管关断前，使其电流减小到零，这就是所谓的零电流关断，关断损耗基本减小到零。

（2）在开关管关断时，使其电压保持为零，或者限制电压的上升率，从而减小电流与电压的交叠区，这就是所谓的零电压关断。同时做到以上两点，关断损耗就为零。

2. 谐振电路的分类

（1）准谐振电路。准谐振电路根据谐振模式可分为零电压开关准谐振电路 ZVS-QRC

（Zero Voltage Switching Quasi-Resonant Converter）、零电流开关准谐振电路 ZCS–QRC（Zero Current Switching Quasi-Resonant Converter）、零电压开关多谐振电路 ZVS–MRC（Zero Voltage Switching Multi-Resonant Converter）三种，如图 4.29 所示，分别给出了三种准谐振电路的基本开关单元电路结构。

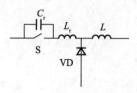 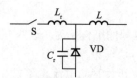 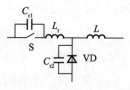

（a）零电压开关准谐振电路的　　　（b）零电流开关准谐振电路的　　　（c）零电压开关多谐振电路的
　　　　基本开关单元　　　　　　　　　　基本开关单元　　　　　　　　　　基本开关单元

图 4.29　准谐振电路的基本开关单元电路结构

由于在开关过程引入了谐振，使准谐振电路开关损耗和开关噪声大为降低，但谐振过程会使谐振电压峰值增大，造成开关器件耐压要求提高；谐振电流有效值增大，导致电路通导损耗增加。谐振周期还会随输入电压、输出负载变化，电路不能采取定频调宽的 PWM 控制而只能采用调频控制，变化的频率会造成电路设计困难。

（2）零开关 PWM 电路。零开关 PWM 电路根据开关动作参数可分为零电压开关 PWM 电路 ZVS–PWM（Zero Voltage Switching PWM Converter）、零电流开关 PWM 电路 ZCS–PWM（Zero Current Switching PWM Converter）两种电路模式。图 4.30 所示为两种基本开关单元电路结构。

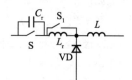 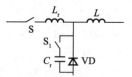

（a）零电压开关PWM电路的基本开关单元　　　（b）零电流开关PWM电路的基本开关单元

图 4.30　零开关 PWM 电路的基本开关单元电路结构

这类电路引入辅助开关来控制谐振开始时刻，使谐振仅发生在开关状态改变的前后。这样开关器件上的电压和电流基本上是方波，仅上升、下降沿变缓，也无过冲，故器件承受电压低，电路可采用定频的 PWM 控制方式。

（3）零转换 PWM 电路。零转换 PWM 电路根据其电参数转换方式可分为零电压转换 PWM 电路 ZVS–PWM（Zero Voltage Transition PWM Converter）、零电流转换 PWM 电路 ZVS–PWM（Zero Current Transition PWM Converter）两种电路模式。图 4.31 为两种基本开关单元电路结构。

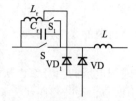 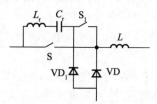

（a）零电压转换PWM电路的基本开关单元　　　（b）零电流转换PWM电路的基本开关单元

图 4.31　零转换 PWM 电路的基本开关单元电路结构

这类电路也是采用辅助开关来控制谐振开始时刻，但谐振电路与主开关元件并联，使得电路的输入电压和输出负载电流对谐振过程影响很小，因此电路在很宽的输入电压范围和大幅变化的负载下都能实现软开关工作。电路工作效率因无功功率的减小而进一步提高。

3. 典型谐振开关电路

ZSC 谐振开关和 ZVS 谐振开关之间有一定的对偶规律，见表 4.1。表 4.2 为 ZSC 谐振开关和 ZVS 谐振开关的对比分析表。表 4.2 中所画各电路中 L_r 为谐振电感器（包括电路中的杂散电感和变压器漏感），C_r 为谐振电容器（包括开关管的结电容）。根据 L_r 与 C_r 的连接方式的不同可分 M 型和 L 型两种不同电路结构，其电路波形基本一致。

表 4.1 ZSC 谐振开关和 ZVS 谐振开关的对偶规律

开关类型	ZCS 谐振开关	ZVS 谐振开关
关断方式	零电流关断	零电压关断
开关连接方式	开关器件 S_1 与 L_r 串联	开关器件 S_1 与 C_r 并联
谐振电路连接方式	S_1、L_r 串联支路与 C_r 并联	S_1、C_r 并联支路与 L_r 串联

由表 4.2 可知，在 ZSC 谐振开关中，当开关器件 S_1 开通时，谐振网络 L_rC_r 接通，电路谐振，开关器件中的电流按准正弦规律变化（因此称为"准谐振"），但谐振频率不一定等于开关器件频率。当电流谐振到零时，令开关器件关断，谐振停止，故表 4.2 中 ZCSM 型电路又称 ZSC 谐振开关或准谐振开关。图 4.32 给出了 PWM 开关的电压、电流轨迹（A_1 为关断过程，A_2 为开通过程）和 ZSC 谐振开关的电压、电流轨迹 B。

表 4.2 ZSC 谐振开关和 ZVS 谐振开关的对比分析表

电路类型	零电流式（ZCS）		零电压式（ZVS）	
	M 型	L 型	M 型	L 型
通用电路				
半波电路				
全波电路				
电路波形				

由表4.2可见，在ZVS谐振开关中，当开关器件处于关断状态时，$L_r C_r$串联谐振，电容器C_r（包括开关管的输出电容）上的电压按准正弦规律变化，当它谐振过零时，令开关器件开通，由于谐振电路中L_r和C_r两端谐振电压相位相差为180°，大小相等，此时串联电路两端电压为零。

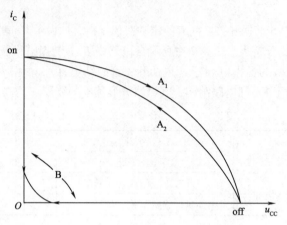

图4.32　PWM开关的电压、电流轨迹

零电流谐振开关和零电压谐振开关分为半波电路和全波电路，这两种电路都可以用通用电路来表示，如表4.2所示，在通用电路中，用开关器件S_1来表示半波电路与全波电路中的开关管V_1。

（1）谐振型零电流开关电源。图4.33所示的半桥电路是全波谐振型零电流开关（ZCS）电路。集成电路（IC）频率控制器产生交替方波信号，频率控制器是谐振变换器的重要组成部分。

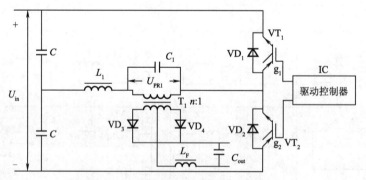

图4.33　全波谐振型零电流开关电源

根据中、小功率的应用需要设计谐振电源，希望采用电流不连续导通的谐振方式。如果控制驱动信号的开关频率在电路的自然谐振频率以下，就会实现电流不连续导通的谐振方式。在谐振电流经过半个周期振荡后，穿过零线，改变方向后，反向电流经功率器件的旁路二极管向电源返回，这时关断功率开关器件，称为零电流关断。在这个过程结束后，有一个死区时间，在死区时间内，电路中没有能量交换（除去输出电感器L_F的续流外），调整死区时间的大小就能实现逆变功率的控制。图4.34所示波形图表明了该电路的工作过程和多个时间段的变化。

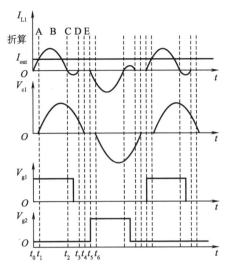

图 4.34 驱动信号和电流、电压波形图

① 时段 A（$t_0 \sim t_1$）。起始状态，在谐振电感器 L_1 中，没有电流流动，谐振电容器 C_1 上的电压为零，输出电感器 L_F 电感值很大，输出电容器 C_{out} 电容值也很大，处于续流状态，供给负载。VD_3、VD_4 处于导通状态。当 V_{g1} 变高，VT_1 导通，由于续流过程，使变压器呈现短路，电流开始流过 L_1，并线性增加，一直达到输出负载所需的值 I_{out}。

② 时段 B（$t_1 \sim t_2$）。C_1 开始充电，C_1 上的电压 V_{C1} 与 I_{L1} 形成谐振效应，V_{C1} 按正弦波规律上升，负载电流是一个恒流源，因此它不影响 V_{C1} 与 I_{L1} 的正弦波形，载电流值只影响 I_{L1} 电流波形的直流位移，表现为 I_{L1} 并不是以零值线为中心振荡的，且负载 I_{out} 值越大，I_{L1} 偏移越大。

③ 时段 C（$t_2 \sim t_3$）。从 I_{L1} 穿过零线开始，这时电流开始反向从 C_1 进入电感器 L_1 并回流入电源。变压器的一次线圈，仍然提供负载电流，是由 C_1 上的谐振能量通过变压器来驱动输出电感器 L_F，在这个时段内，VT_1 并没有关断，但是它不能通过反向电流，反向电流是流过 VD_1、VD_2 流入电源的。但是在 C 时段内，在电流的负摆动值再次回到零点之前，控制器必须关断 VT_1，在 VD_1 向电源返回电流期间，关断 VT_1，因此称为零电流关断。

④ 时段 D（$t_3 \sim t_4$）。在 C 时段的终端，I_{L1} 达到零，但这时谐振电容器 C_1 上的电压 V_{C1}，仍然为正电压，由于输出电感 L_F 是一个恒流源，C_1 线性放电直至零。

在 A ~ C 时段中，加在输出电感器上的电压是经过变压器变比折合的值，由于输出电感器总有维持负载电流稳定的特性，因此在 A、D、E 时段，输出电感器中的电流呈现衰减状态，同时电感线圈的电压极性反转，以提升输出电压。

⑤ 时段 E（$t_4 \sim t_5$）。该时段是死区，从谐振电容器放完电开始，VD_3、VD_4 呈现续流状态，通过电感器供给负载，补充输出电容器的放电电流，防止输出电压降低。

在谐振电路的谐振期间（A ~ C 时段），电源能量向负载传输，谐振周期完成后，这个能量的传输也就终止，但是在谐振电容器 C_1 上（D 时段），仍然存在正电压，还要续流放电，在 C_1 放完电后，有一段时间（E 时段），没有任何能量转换发生。输出功率完全靠输出电感器 L_F 支持，这一方面表明 L_F 需要有足够大的电感量，还表明逆变器把输入高压变换成输出低压的电压比，不但依赖于变压器的匝数比，还依赖于 A ~ D 时段对 E 时段的相对时间比。像 PWM 开关电源中的占空比 D 一样。

因为谐振电路的谐振频率是固定的，很显然，这个死区时间的调整就是稳定输出电压的方法。利用一个集成运放，检测输出电压并与一个参考电压比较，用这个放大了的误差信号去调整电源的控制器，就可得到一个具有固定开通时间的方波驱动信号，来控制桥路的功率开关器件。两个交替导通的驱动脉冲信号之间，有一个可调整变化的死区时间，这就是谐振式半桥 ZCS 电源的控制原理。

随着负载电流的增加，I_{L1} 的直流电平将升高，最大可用的负载电流就是谐振电流的波形，从峰值下降时，刚刚能够回到零点时的电流值就是 I_{L1} 的负峰值，在时段 C 内，它的切线与零线重叠，在这个条件下，将没有死区时段 E 存在。如果负载再加大，使 I_{L1} 的负峰值不能达到零点，即电流不能回到零，这将失去零电流关断的条件，这时功率开关的关断将有较大的损耗。因此，必须限制电源的负载电流值，才能保证无损开关的实现。因此设计者在设计谐振电路的参数时，一定要使 I_{L1} 有一个足够大的摆动幅度，以满足负载增大的要求，这同时也说明对 VT$_1$ 和 VT$_2$ 的选择，也要能满足峰值 I_{L1} 的要求，其标称正向导通电流必须大于满负载电流的 2 倍。这也可以被视为选用大的载流量的功率器件，换取了无损关断，这就需要权衡利弊。

（2）谐振型零电压开关电源。把图 4.33 中 ZCS 电路稍加修改，就可变成全波谐振型零电压开关电路，即在图 4.33 电路中，L_1、C_1 的串联支路两端，并联一个吸收电容器 C_2，如图 4.35 所示。在全波谐振型零电压开关电路中，由于 C_2 参与了谐振过程，软化了功率开关器件的开通和关断过程，这个电路的开关工作频率要设定在 L_1、C_2 所决定的谐振频率以上。其控制特点是，固定关断时间（t_{off}），可变开通时间控制的变频方式。

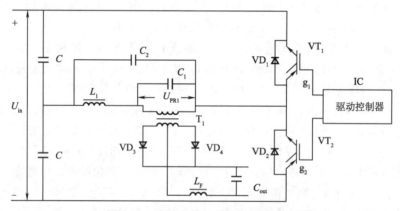

图 4.35　全波谐振型零电压开关电路

设起始时刻功率开关管 VT$_1$ 处于关断状态，VT$_1$ 由导通变为关断后，VT$_1$、VT$_2$ 都处于关断状态，由于之前的负载电流在 L_1 中所储存的能量要对外释放，其路径是以原负载电流为起始值，通过变压器一次绕组，向 C_2 充电，随着 C_2 充电过程的进行，C_2 两端电压值下降，使 VT$_1$ 上的电压增加，VT$_2$ 上的电压减少，当 VT$_2$ 上的电压降到零值以后，令控制器驱动 VT$_2$ 导通，称为零电压开通。L_1 中的剩余能量还要继续释放，经过二极管 VD$_2$ 反向到电源。在这一期间，L_1 上的电压，钳位于 $\frac{1}{2}U_{\text{in}}$，L_1 释放完原有的能量后，开始反向充电并向负载供电，开始了下一个半周工作，当控制器再次关断 VT$_2$ 后，与前半周 VT$_1$ 的关断情况一样，L_1 又开始释放能量，这时 L_1 中的电流换向，向 C_2 充电，使 VT$_2$ 上的电压增加，VT$_1$ 上的电压减少，一直降到零值后，再开通 VT$_1$，完成了一个周期的工作。ZVS 的工作特点是，当 VT$_1$、VT$_2$ 都处于关断状态下，谐振回路才开始谐振。谐振周期由 LC 决定，只要选择好谐振参数，并使谐振电感器中存有足够的能量，使之在死区时段内，出现谐振钳位，即可实现零电压开通。换句话说，只要谐振电感器中的能量，在死区时段内还没有完全返回电源，就能实现零电压开通。变频控制的特点是，关断时间固定，导通时间可调。电路中的 C 可以保留，以缓冲变压器外加电压，也可以不保留，对 ZVS 谐振没有影响。

由上述分析可以看出，功率开关管零电压开通实现了无损开通，关断过程是带载关断，由于谐振电容器 C_2 的存在，软化了关断过程。C_2 是双极充电放电，在实际电路中常把 C_2 分为两部分，取一半值与 VT_1、VT_2 直接并联，变为单极充电放电，对电容器工作条件有利。

谐振型零电压开关逆变电路的工作频率要高于谐振电路的自然频率，即桥路开关器件的开通时间加关断时间，要比谐振电路完成半周期谐振的时间短。即每个谐振半周还没有完成，就实现了功率开关管的转换，因此谐振回路始终处于导流状态。因此，ZVS 谐振为电流连续型工作，而 ZCS 为电流断续型工作。显然电流连续型工作适合于中、大功率逆变器，而电流断续型工作则适合于中、小功率逆变器。

4. 谐振开关电源的传输特性

谐振电路种类繁多，有全波、半波谐振，串联、并联谐振，准谐振、钳位谐振等。谐振电路都工作在高频环境中，与线路和器件的寄生参数关系较大，分析起来比较复杂。了解谐振电路对负载的传输特性，就容易理解谐振开关电路的特点。

在 PWM 系统中，开关频率是固定的，其传输特性主要与脉冲宽度有关，基本上是线性的，寄生参数影响很小。在 PFM 系统中，由于变频控制、谐振、阻抗、负载的影响，传输特性是非线性的，对负载调整的效果受负载系数影响较大，图 4.36 所示的谐振型变换器的传输特性曲线基本上表达了不同负载系数下输出电压和频率之间的关系。

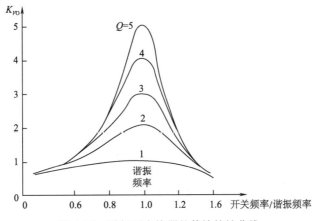

图 4.36 谐振型变换器的传输特性曲线

在图 4.36 中，横坐标是频域，以相对值（开关频率/谐振频率）来表示，纵坐标是输出电压控制比 K_{VO}，V_{in} 是输入电压，V_{PR1} 是变压器一次电压，

$$K_{VO} = V_{PR1}/V_{in} \tag{4.12}$$

输出电压控制比率随开关频率的变化有多条曲线，每条曲线都与谐振电路品质因数 Q 存在一定比例关系，品质因数的表达式为

$$Q = \frac{1}{R}\sqrt{c_1/L_1} \tag{4.13}$$

R 为负载电阻，谐振阻抗 Z 为

$$Z = \sqrt{c_1/L_1} \tag{4.14}$$

传输特性曲线是一族钟形曲线，在开关频率等于谐振频率时达到了极值，Q 越高，传输比越高。以谐振频率为分水岭，在低于谐振频率的区域（左侧），输出电压随开关频率的升高而升高；在高于谐振频率的区域，输出电压随开关频率的升高而降低。两边截然相反的传输特性，对应了两种基本的谐振开关类型，左侧为零电流关断频域（ZCS 区），右侧为零电压开通频域（ZVS 区）。也就是说 ZCS 的特点是低于谐振频率工作，输出电压随开关频率的升高而升高，ZVS 的特点是高于谐振频率工作，输出电压随开关频率的降低而升高。功率传输的这一特性是 ZCS 和 ZVS 谐振开关的基本区别。因此，不可能有一个电路拓扑能同时实现 ZCS 和 ZVS，因为这是两个完全不同的谐振开关条件。

因为变压器存在漏感，零电流开通是逆变器带变压器负载时的常见现象；而零电压关断，理论上是不可能实现的，所要解决的是带负载缓冲关断过程或软关断方法，因为通常所用的 RC，RCD 吸收网络都是为软关断而加的。

5. 脉冲频率调制（PFM）控制器

和 PWM 控制芯片一样，PFM 控制芯片也是组成谐振开关电源的重要组成部分，它的功能和性能对电源有重要影响。随着谐振开关电源的发展，国外公司的芯片已有多种，现对 UC3860 系列典型应用进行简单介绍。

UC3860 系列中有 ZCS 型和 ZVS 型单端输出、双极输出等多种应用类型芯片，其内部电路和 PWM 控制芯片基本相同，有欠电压保护、缓起、参考源、输出极、集式运放和相关逻辑电路；特殊部分有压控振荡器（VCO），过零检测比较器，单射或单稳（oneshot）时间产生器等。其中，UC3865 是 ZCS 控制器，固定开通时间控制的双极输出控制器。

UC3861 是 ZVS 控制器，固定关断时间控制的双极输出控制器，其内部功能图如图 4.37 所示。ZCS 和 ZVS 芯片由内部"导航电路"来区分。图 4.38 所示的双路输出驱动波形图表示了输出极 A（⑪引脚）、B（⑭引脚）的波形和单稳时间产生器波形之间的关系。可以看出，ZCS 应用时的开通时间和 ZVS 应用时的关断时间，都是由单稳时间脉冲宽度决定的。在实际应用中，可以使这个脉冲宽度固定；也可以在⑨引脚的 RC 参数所配置的最长时间范围内加以调整。调整时间是由⑩引脚的过零检测端 ZERO 来检测，过零检测端经过电阻分压网络，接入主电路，在 ZCS 中检测电流过零点；在 ZVS 电路中检测主开关器件上的电压过零点，以获取准确的过零开关信号。变频控制是用反馈放大器控制 VCO 来完成的。VCO 由最高频率和最低频率限制，由引脚⑥、⑦、⑧外接参数确定。

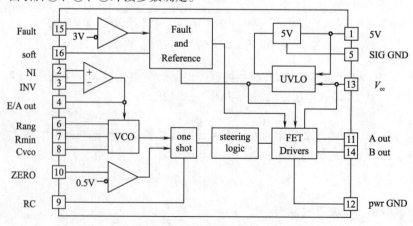

图 4.37　谐振型电源控制器 UC3861 内部功能图

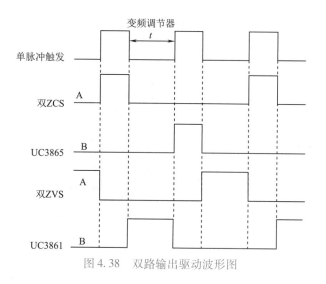

图 4.38　双路输出驱动波形图

6. 全桥钳位准谐振功率逆变器

（1）全桥钳位准谐振功率逆变器电路结构。ZCS 谐振逆变器具有零电流关断的优点，但是它的谐振电流峰值必须大于最大负载电流，这就增加了器件的通态损耗，ZCS 谐振逆变器在轻载时工作频率低；重载时工作频率高，增加了电源输出滤波电感器的设计难度。ZVS 除了能实现无损开通和软关断外，ZVS 电路把器件的寄生电容也作为谐振电容器的一部分，消除了 MOSFET、IGBT 等器件固有的密勒效应引起的输入与输出之间的分布电容或寄生电容的影响，降低了对门极驱动电路的要求，有利于 ZVS 电路的高频化。

在单端谐振电路中，ZVS 振荡状态中存在着器件阻断状态时峰值电压过高的问题，但是在桥式电路中，谐振电压被钳位于电源过零线，钳位功能使谐振半途终止，所以桥式电路称为准谐振电路。桥式准谐振逆变器由于没有高反压，适合于输入电压高、输出功率大、开关工作频率高的逆变电路，具有高效节能、小型化、轻便化特点，但谐振电路比 PWM 电路更复杂。

（2）ZVS 全桥谐振逆变电路工作原理。如图 4.39 所示，ZVS 全桥谐振逆变电路与 ZVS 移相全桥电路结构基本相同，区别在于其控制原理和电路参数不同。谐振桥路工作的基本原理是固定关断时间和可变导通时间控制，重载时导通时间长，轻载时导通时间短；外部电压高时导通时间短，外部电压低时导通时间长，与 PWM 电路的占空比调整方式一致。以图 4.38 的双路输出驱动波形图为参照，对 ZVS 全桥谐振逆变电路电流、电压变化规律加以分析和说明，其电压、电流波形如图 4.40 所示。

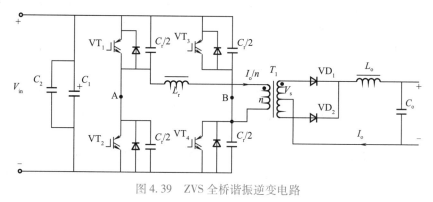

图 4.39　ZVS 全桥谐振逆变电路

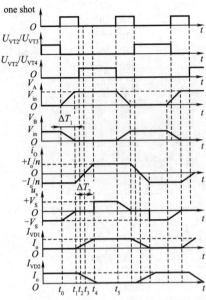

图 4.40　ZVS 全桥谐振逆变电路波形图

　　假定元器件为理想参数、负荷满载和 L_0 很大，L_0 中的电流 I_0 是一个恒流源。根据 UC3861 的内部功能，如图 4.37 所示，单稳信号由 V_{co} 发出的时钟而产生的计时信号，其宽度为谐振开关的关断时间，它的前沿是前一路驱动信号的关断沿（如 VT_2、VT_3），后沿是后一路驱动信号的开通沿（如 VT_1、VT_4）。桥路的两个中点电压 V_A、V_B 的变化是相反的，上升和下降的幅度是 $0 \sim V_m$，中点上升和下降的时间 ΔT 必须小于单稳时间，才能保证零电压开通。在图 4.40 所示 ZVS 全桥谐振逆变电路中输出滤波电感器可等效为恒流源，在开关过程中，使变压器一、二次绕组的电流保持恒定，向谐振电容器 $C_r/2$ 充放电，所以 V_A、V_B 的上升和下降曲线是直线。当然，随着负载电流 I_0 的大小变化，上升和下降的速度也会发生变化，存在着一个最小负载电流、最高输入电压下的最长上升和下降时间问题，要保证零电压开通，设计者要考虑最长上升时间不能大于单稳时间。

　　图 4.40 中 V_A、V_B 波形的顶端和底端，以细弧形表示的部分是存储在谐振电感器 L_r 的能量，以 $V_m = L_r \dfrac{\Delta i}{\Delta t}$ 的速度返回到电源的时间，这个变化速度就是变压器电流（I_0/n）曲线的变化速度。变压器一次电流要完成极性的变换，由 $-I_0/n$ 到 $+I_0/n$ 的变换，谐振电感器要完成线性充放电过程，充放电时间为 ΔT_2。在 ΔT_2 范围内，谐振电感器 L_r 完成电流换向，双向承载全部 V_n 电压，此时整流器为续流状态，$I_{VD1} + I_{VD2} = I_0$。二次电压 V_s 为零，变压器一次电压也为零，二次电压的有效部分是 V_s 波形上的剩余面积，调整输出电压值就是调整 V_s 的面积。在 L_r 换流过程中，I_{VD1}、I_{VD2} 以相同的速度反向变化，共同负担负载电源。从图 4.40 的波形图可以看出，除了 V_s 的上升沿有跳变外，其他所有的电压、电流变化比较缓慢，没有突变，所以谐振开关电源符合 EMI（电磁干扰）的要求。

4.3　光伏控制器应用实践

　　下面以设计与制作一个简易的光伏手机充电器为例，来说明光伏控制器在实际中的应用。这款光伏手机充电器利用光伏电池板把光能变成电能，再经过直流变换电路变换电压后给手机电池充电，并能在电池充电完成后自动停止充电，解决了外出时可以随时随地给手机充电的问题。

光伏手机充电器设计的来源是将太阳能转换成电能，主要目的是为了解决外出工作手机没电的情况下可以随时随地给手机充电，主要解决的技术问题是如何将太阳能转换成能够给手机充电的电能。

4.3.1 硬件电路设计

1. 设计方案与特点

在不充电时光伏电池板在阳光下通过光伏效应把光能转变为电能并储存在内置蓄电池内，当需要对手机充电时就将存储在蓄电池内的电能通过充电器内的稳压保护电路、振荡电路、稳压电路为手机的内置电池充电。

本设计采用的太阳能板的输出电压为 12 V，而充电电池的最高输入电压不高于电池的最高输入电压，为了保护电池，本设计的输出电压为恒定电压并且保持不变，保证了能够为不同型号的手机电池稳定充电。

2. 光伏手机充电器电路工作原理

光伏手机充电器原理图如图 4.41 所示。图 4.41 中 VD 是一个防反充二极管，光伏电池在使用时由于太阳光的变化较大，其内阻又比较高，因此输出电压不稳定，输出电流也小，这就需要用一个直流变换电路变换电压后供手机电池充电。直流变换电路是单管直流变换电路，采用单端反激式变换器电路的拓扑形式。当开关管 VT_1 导通时，高频变压器 TR 的一次线圈 N_P 的感应电压为①正①负，二次线圈 N_s 为③正②负，整流二极管 VD_1 处于截止状态，这时高频变压器 TR 通过一次线圈 N_P 储存能量；当开关管 VT_1 截止时，二次线圈 N_s 为③负②正，高频变压器 TR 中存储的能量通过 VD_1 整流和电容器 C_3 滤波后向负载输出。安装完成后，接上光伏电池板，并将其放在阳光下，电路工作电流跟太阳光的强弱有关。

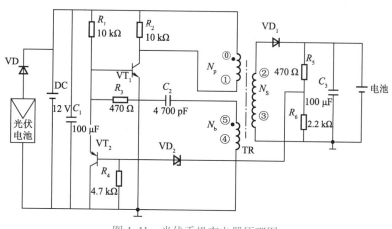

图 4.41　光伏手机充电器原理图

VT_1 为开关电源管，它和高频变压器 TR、R_1、R_3、C_2 等组成自激式振荡电路。加上输入电源后，电流经启动电阻 R_1 流向 VT_1 的基极，使 VT_1 导通。

VT_1 导通后，变压器一次线圈 N_P 就加上输入直流电压，其集电极电流在 N_P 中线性增长，

反馈线圈 N_b 产生⑤正④负的感应电压，使 VT_1 得到基极为正，发射极为负的正反馈电压，此电压经 C_2、R_3 向 VT_1 注入基极电流使 VT_1 的集电极电流进一步增大，正反馈产生雪崩过程，使 VT_1 饱和导通。在 VT_1 饱和导通期间，变压器 TR 通过一次线圈 N_P 储存磁能。与此同时，感应电压给 C_2 充电，随着 C_2 充电电压的增高，VT_1 基极电位逐渐变低，当 VT_1 基极电流变化不能满足其继续饱和时，VT_1 退出饱和区进入放大区。VT_1 进入放大状态后，其集电极电流由放大状态前的最大值下降，在反馈线圈 N_b 产生⑤负④正的感应电压，使 VT_1 基极电流减小，其集电极电流随之减小，正反馈再一次出现雪崩过程，VT_1 迅速截止。

VT_1 截止后，变压器 TR 储存的能量提供给负载，二次线圈 N_s 产生的③负②正的电压经二极管 VD_1 整流滤波后，在 C_3 上得到直流电压给手机电池充电。在 VT_1 截止时，直流供电输入电压和 N_b 感应的⑤负④正的电压又经 R_1、R_3 给 C_2 反向充电，逐渐提高 VT_1 基极电位，使其重新导通，再次翻转达到饱和状态，电路就这样重复振荡下去。

3. 过电压保护电路

如图 4.41 所示，过电压、过电流保护电路主要由三极管 VT_2、稳压二极管 VD_2、电容器 C_2、电阻器 R_5、电阻器 R_6、变压器 TR 组成。

R_5、R_6、VD_2、VT_2 等组成限压电路，以保护电池不被过充电。当输出电压升高时，在变压器 TR 的 N_s 反馈绕组端感应的电压就会升高，则电容器 C_3 所充电压升高。当电容器 C_3 两端电压超过稳压二极管 VD_2 的稳压值时，稳压二极管 VD_2 击穿导通，三极管 VT_2 的基极电压被拉低，使其导通时间缩短或迅速截止，经变压器 TR 耦合后，使二次输出电压降低；反之，使输出电压升高，从而确保输出电压稳定。这里以 3.6 V 手机电池为例，其充电限制电压为 4.2 V。在电池的充电过程中，电池电压逐渐上升，当充电电压大于 4.2 V 时，经 R_5、R_6 分压后稳压二极管 VD_2 开始导通，使 VT_2 导通，VT_2 的分流作用减小了 VT_1 的基极电流，从而减小了 VT_1 的集电极电流，达到了限制输出电压的作用。这时电路停止了对电池的大电流充电，用小电流将电池的电压维持在 4.2 V。

4.3.2 制作与调试

1. 元器件清单

元器件清单见表 4.3。

表 4.3 元器件清单

名 称	编 号	参考型号参数	数 量
碳膜电阻器	R_1	10 kΩ	1 个
	R_2	10 kΩ	1 个
	R_3	470 Ω	1 个
	R_4	4.7 kΩ	1 个
	R_5	470 Ω	1 个
	R_6	2.2 kΩ	1 个
电解电容器	C_1	100 μF	1 个
电解电容器	C_3	100 μF	1 个
瓷介电容器	C_2	4 700 pF	1 个
晶体二极管	VD_1	1N5819	1 个

名　　称	编　　号	参考型号参数	数　　量
晶体二极管	VD_2	1N746A	1 个
晶体二极管	VD	1N4148	1 个
晶体三极管	VT_1	2SC2500	1 个
晶体三极管	VT_2	2SA733	1 个
变压器	TR	自制	1 个

（1）变压器 TR 的制作。变压器的材料有 E16 的磁芯两个、直径为 0.21 mm 的漆包线、变压器支架一个、绝缘胶布。制作过程：变压器一共分三层，第一层是 N_P 有 26 匝，第二层是 N_s 有 8 匝，第三层 N_b 有 15 匝。第一层 N_P、第二层 N_s 是一次线圈，第三层 N_b 是二次线圈。缠绕时，N_P、N_s 按顺时针方向缠绕，N_b 按逆时针方向缠绕并且均匀分布在磁芯外面，各层线圈用绝缘胶布隔开。

（2）光伏电池板使用四块面积为 6 cm×6 cm 的硅光伏电池板，其空载输出电压为 4 V，其工作电流为 40 mA 时，输出电压为 3 V。由于直流变换器的工作频率随着输入电压的增高而增高，因此四块光伏电池板串联后使用，这时电路的输入电压为 12 V。读者可根据所购置的光伏电池板规格决定使用的数量和连接方法。

2. 装配调试

根据电路图来进行焊接，防止出现错连。在焊接前先检测元器件功能是否完好，以免焊接完成时造成返工。最后，在焊接完成后要仔细检查电路，观察其各个电路节点是否导通，是否有错的电路，以免在加入电源时造成元器件的损坏。在焊接时要细心，千万不可有虚焊，造成接触不良；也不可有短路，造成元器件的烧坏。

4.4　MPPT 跟踪电路

MPPT 控制器的全称为"最大功率点跟踪"（Maximum Power Point Tracking，MPPT）太阳能控制器，是传统太阳能充放电控制器的升级换代产品。

4.4.1　MPPT 概述

最大功率点跟踪系统是一种通过调节电气模块的工作状态，使光伏电池板能够输出更多电能的电气系统，能够将光伏电池板发出的直流电有效地储存在蓄电池中，可有效地解决常规电网不能覆盖的偏远地区及旅游地区的生活和工业用电，不产生环境污染。

当日照强度和环境温度变化时，光伏电池输出电压和电流成非线性关系，其输出功率也随之改变。而且，当光伏电池应用于不同的负载时，由于光伏电池输出阻抗与负载阻抗不匹配，也会使得光伏系统输出功率降低。目前解决这一问题的有效办法是在光伏电池输出端与负载之间加入 DC/DC 变换电路。利用 DC/DC 变换电路对阻抗的变换原理，使得负载的等效阻抗跟随光伏电池的输出阻抗，从而使得光伏电池输出功率最大。

4.4.2　MPPT 工作原理

如图 4.42 所示，MPPT 控制系统利用在光伏阵列与负载之间加上具有 MPPT 功能 DC/DC

变换电路，并结合相应的 MPPT 算法来完成最大功率跟踪。MPPT 控制器要求始终跟踪光伏阵列的最大功率点，需要控制电路同时采样光伏阵列的电压和电流，并通过乘法器计算光伏阵列的功率，然后通过寻优和调整，使光伏阵列工作在最大功率点附近。整个 MPPT 控制系统的核心就是利用相关的 MPPT 算法控制 DC/DC 变换电路的占空比，从而实现 PWM（脉宽调制）输出信号对直流变换电路的驱动。

常用的最大功率点跟踪方法有：

（1）功率匹配方法：该方法需要得到光伏阵列的输出特性，且只能应用在特定的辐射和负载条件下，故存在一定的局限性。

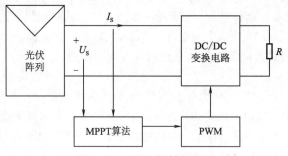

图 4.42　MPPT 控制原理图

（2）曲线拟合技术：该方法需要预先测得光伏阵列的特性，用详细的数学函数来描述，但是对于因寿命、温度和个别电池损坏引起的特性变化，这种方法就会失效。

（3）扰动观察法：该方法是一种普遍使用的方法，该方法是一个迭代过程，无须知道光伏阵列的特性，缺点是由于扰动的介入，系统工作点无法稳定在最大功率点上。

（4）导纳增量法：该方法能准确计算最大功率点，且能很好地防止对工作点的误判，在微处理器上实现也较为简单。

MPPT 控制系统的 DC/DC 变换电路通常采用直流斩波器，其中降压型变换电路实现高压变换为低压，通过光伏阵列输出电压等级较低，若要并网，电网侧电压等级较高，所以降压变换电路较少用于并网系统。升压斩波电路由于可以将光伏阵列输出电压提高，易于实现并网，同时升压型变换电路的阻抗变换功能常用于 MPPT 控制，驱动也相对容易。下面以升压斩波器为例来介绍阻抗变换实现的原理。如图 4.43 所示，假设升压变换器所带负载为 R_o，变换器效率为 100%，忽略其内阻抗，假设升压变换器输入电源为 U_s，输入电流为 I_s，则等效输入电阻为 $R_s = \dfrac{U_s}{I_s}$。

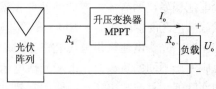

图 4.43　升压斩波电路阻抗变换

由升压变换器输出电压 $U_o = \dfrac{1}{1-D}U_s$，又由于假设了升压变换器效率为 100%，则升压变换器输入功率等于输出功率，即 $U_s I_s = U_o I_o$，故 $I_o = (1-D)I_s$，则升压变换电路等效输入电阻为

$$R_s = \frac{U_s}{I_s} = \frac{U_o(1-D)}{I_o/(1-D)} = R_o(1-D)^2 \qquad (4.15)$$

由该表达式可知，当调节开关占空比 D，就可以改变输入电阻的大小，只要调节占空比 D，使得升压变换电路等效输入电阻 R_s 与光伏阵列输出阻抗相匹配时，则光伏电池将输出最大功率。

练　　习

1. 简述光伏控制器的基本类型和主要作用。

2. 简述图 4.14 所示降压斩波电路的工作原理。

3. 在图 4.14 所示的降压斩波电路中，已知电源 $U_s = 50$ V，L、C 足够大，$R = 20$ Ω。采用脉宽调制方式，当 $T = 40$ μs，$t_{on} = 25$ μs 时，计算输出电压平均值 U_o 和输出电流平均值 I_o。

4. 在图 4.17 所示的升压斩波电路中，$U = 220$ V，$R = 10$ Ω，L、C 足够大，当要求 $U_o = 400$ V 时，占空比 k 为多大？

5. 简述图 4.17 所示升压斩波电路的基本工作原理。

6. 在图 4.17 所示的升压斩波电路中，已知 $U = 50$ V，$R = 20$ Ω，L、C 足够大，采用脉宽调制方式，当 $T = 40$ μs，$t_{on} = 20$ μs 时，计算输出电压平均值 U_o 和输出电流平均值 I_o。

7. 直流开关电源的输入必须是交流吗？为什么？

8. 简述 MPPT 控制的基本原理。

第5章

➡ 逆变电路分析与制作

本章简介

　　逆变电路与整流电路相对应，可将光伏系统阵列输出的直流电变换成交流电。逆变器在光伏发电系统中具有重要地位。本章通过介绍有源逆变类型、原理及应用，进一步分析并网/离网光伏逆变原理及其在光伏发电系统中的作用，并通过光伏逆变器的型号选型分析逆变器在光伏发电系统中的应用实践，并以一小型高频逆变器的制作实践，让学生系统全面地熟悉和掌握光伏逆变原理及应用。

5.1　有源逆变电路

5.1.1　逆变电路概述

1. 逆变的基本概念

　　将直流电变换成交流电的电路称为逆变电路。根据交流电的用途可以分为有源逆变和无源逆变。有源逆变是把交流电回馈电网，无源逆变是把交流电供给不同频率需要的负载。无源逆变就是通常所说的变频。

2. 逆变电路的两种工作状态

　　用单相桥式可控整流电路能替代发电机给直流电动机供电，为使电流连续而平稳，在回路中串联大电感器 L_d，称为平波电抗器。这样，一个由单相桥式可控整流电路供电的晶闸管-直流电动机系统就形成了。在正常情况下，它有两种工作状态。

　　（1）逆变器工作于整流状态（$0 < \alpha < \pi/2$）。在图5.1中，设变流器工作于整流状态。由单相全控整流电路的分析可知，大电感负载在整流状态时 $U_\mathrm{d} = 0.9U_2\cos\alpha$，控制角的移相范围为 $0 \sim 90°$，U_d 为正值，P点电位高于N点电位，并且 U_d 应大于电动机的反电动势 E，才能使变流器输出电能供给电机作电动机运行。此时，电能由交流电网流向直流电源（即直流电动机 M 的反电动势 E）。

　　（2）逆变器工作于逆变状态（$\pi/2 < \alpha < \pi$）。在图5.2中，设电机作发电机运行（再生制动），但由于晶闸管元件的单向导电性，回路内电流不能反向，欲改变电能的传送方向，只有改变电机输出电压的极性。在图5.2中，反电动势 E 的极性已反了过来，为了实现电机的再生制动运行，整流电路必须吸收电能反馈回电网，也就是说，整流电路直流侧电压平均值 U_d 也必须反过来，即 U_d 为负值，P点电位低于N点电位且电机电势 E 应大于 U_d。此时电路内电

能的流向与整流时相反，电机输出电功率，为发电机工作状态，电位则作为负载吸收电功率，实现了有源逆变。为了防止过电流，应满足 E 约等于 U_d，在恒定励磁下，E 取决于发电机的转速，而 U_d 则由调节控制角 α 来实现。

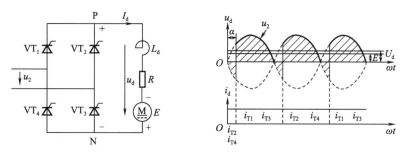

图 5.1　逆变器整流状态原理及波形图

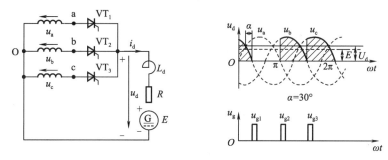

图 5.2　逆变器工作于逆变状态原理及波形图

3. 实现有源逆变的条件

由上述有源逆变工作状态的原理分析可知，实现有源逆变必须同时满足两个基本条件：其一，外部条件，要有一个能提供逆变能量的直流电源；其二，内部条件，变流器在控制角 $\alpha > \pi/2$ 的范围内工作，使变流器输出的平均电压 U_d 的极性与整流状态时相反，大小应和直流电动势配合，完成反馈直流电能回交流电网的功能。

从上面的分析可以看出，整流和逆变、交流和直流在晶闸管变流器中互相联系着，并在一定条件下互相转换，同一个变流器，既可以作整流器，又可以作逆变器，其关键是内部和外部的条件。

不难分析，半控桥式电路或具有续流二极管的电路，因为不可能输出负电压，变流器不能实现有源逆变，而且也不允许直流侧出现反极性的直流电动势。

4. 逆变电路的换流方式

换流：电流从一个支路向另一个支路转移的过程，又称换相。

开通：适当的门极驱动信号就可使晶闸管开通。

关断：全控型器件可通过门极关断。

半控型晶闸管，必须利用外部条件才能关断，一般在晶闸管电流过零后施加一定时间反压，才能关断。

（1）器件换流。利用全控型器件的自关断能力进行换流。

（2）电网换流。由电网提供换流电压称为电网换流。可控整流电路、交流调压电路和采用相控方式的交-交变频电路，不需要器件具有门极可关断能力，也不需要为换流附加元件。

（3）负载换流。由负载提供换流电压称为负载换流。负载电流相位超前于负载电压的场合，都可实现负载换流。负载为电容性负载或同步电动机时，可实现负载换流。负载换流电路及其工作波形如图 5.3 所示。

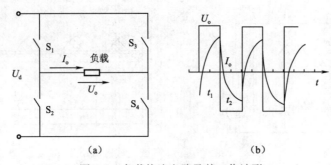

图 5.3　负载换流电路及其工作波形

基本的负载换流逆变电路：采用晶闸管，负载为电阻器与电感器串联后再和电容器并联，工作在接近并联谐振状态而略呈容性。电容器为改善负载功率因数使其略呈容性而接入，直流侧串入大电感 L_d，i_d 基本没有脉动。

工作过程：四个臂的切换仅使电流路径改变，负载电流基本呈矩形波。负载工作在对基波电流接近并联谐振的状态，对基波阻抗很大，对谐波阻抗很小，u_o 波形接近正弦。

t_1 时刻到来前：S_1、S_4 闭合，S_2、S_3 断开，u_o、i_o 均为正，S_2、S_3 电压即为 u_o。

t_1 时刻：S_2、S_3 闭合，u_o 加到 S_4、S_1 上使其承受反向电压而断开，电流从 S_1、S_4 换到 S_3、S_2。t_1 必须在 u_o 过零前并留有足够裕量，才能使换流顺利完成。

（4）强迫换流。设置附加的换流电路，给欲关断的晶闸管强迫施加反向电压或反向电流的换流方式称为强迫换流。这通常利用附加电容器上储存的能量来实现，又称电容换流。

直接耦合式强迫换流：由换流电路内电容器提供换流电压。VT 通态时，先给电容器 C 充电。合上 S 就可使晶闸管被施加反向电压而关断，如图 5.4 所示。

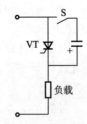

图 5.4　直接耦合式强迫换流原理图

电感耦合式强迫换流：通过换流电路内电容器和电感器耦合提供换流电压或换流电流，如图 5.5 所示。

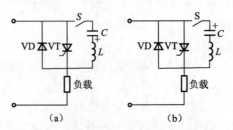

图 5.5　两种电感耦合式强迫换流原理图

给晶闸管加上反向电压而使其关断的换流又称电压换流。先使晶闸管电流减为零，然后通过反并联二极管使其加反压的换流称为电流换流。器件换流适用于全控型器件，其余三种方式针对晶闸管。器件换流和强迫换流属于自换流，而电网换流和负载换流属于外部换流。

5.1.2 电压型逆变电路

逆变电路按其直流电源性质不同分为两种：电压型逆变电路或电压源型逆变电路，电流型逆变电路或电流源型逆变电路。电路的具体实现如图5.6所示。

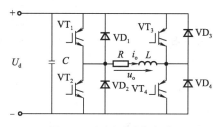

图5.6 电压型逆变电路

电压型逆变电路的特点：

（1）直流侧为电压源或并联大电容器，直流侧电压基本无脉动。

（2）输出电压为矩形波，输出电流因负载阻抗不同而不同。

（3）阻感负载时需要提供无功功率。为了给交流侧向直流侧反馈的无功功率提供通道，逆变桥各臂并联反馈二极管。

1. 单相电压型逆变电路

（1）半桥逆变电路。电路结构如图5.7所示，VT_1和VT_2栅极信号各半周正偏、半周反偏，互补。u_o为矩形波，幅值为$U_m = U_d/2$，i_o波形随负载而异，感性负载时，VT_1或VT_2导通时，i_o和u_o同方向，直流侧向负载提供能量，VD_1或VD_2导通时，i_o和u_o反方向，电感器中的储能向直流侧反馈，VD_1、VD_2称为反馈二极管，还使i_o连续，又称续流二极管。

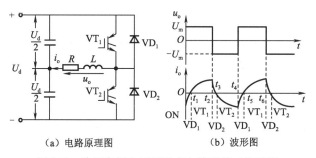

（a）电路原理图　　　　　　（b）波形图

图5.7 单相半桥电压型逆变电路及其工作波形

优点：结构简单，使用器件少。

缺点：交流电压幅值为$U_d/2$，直流侧需要两电容器串联，要控制两者电压均衡，用于几千瓦以下的小功率逆变电源。

（2）全桥逆变电路。图5.8所示为两个半桥电路的组合。VT_1和VT_4构成一对桥臂，VT_2和VT_3构成另一对桥臂，成对桥臂同时导通，交替各导通180°。u_o为正负各180°时，要改变输出电压有效值只能通过改变U_d来实现。

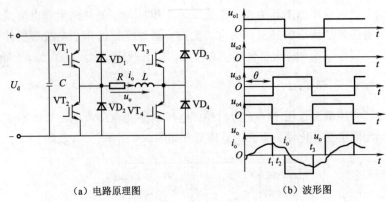

（a）电路原理图　　　　　　　　（b）波形图

图 5.8　单相全桥逆变电路及其工作波形

可采用移相方式调节逆变电路的输出电压，称为移相调压。各栅极信号为 180° 正偏，180° 反偏，且 VT_1 和 VT_2 互补，VT_3 和 VT_4 互补关系不变。VT_3 的基极信号只比 VT_1 落后 q（$0 < q < 180°$），VT_3、VT_4 的栅极信号分别比 VT_2、VT_1 前移 $180° - q$，u_o 成为正负各为 q 的脉冲，改变 q 即可调节输出电压有效值。

（3）带中心抽头变压器的逆变电路。图 5.9 为带中心抽头变压器的逆变电路，U_d 通过中心抽头变压器交替驱动两个 IGBT，经变压器耦合给负载加上矩形波交流电压。两个二极管的作用是提供无功能量的反馈通道，即当某个 IGBT 截止时，提供续流通道，因此，二极管又称续流二极管，U_d 和负载电压 u_o 相同，变压器匝数比为 1：1 时，u_o 和 i_o 波形及幅值与全桥逆变电路完全相同。

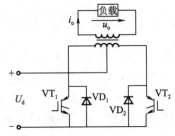

图 5.9　带中心抽头变压器的逆变电路

与全桥逆变电路的比较：比全桥逆变电路少用一半开关器件，器件承受的电压为 $2U_d$，比全桥逆变电路高 1 倍。必须有一个变压器。

2. 三相电压型逆变电路

三个单相逆变电路可组合成一个三相逆变电路。应用最广的是三相桥式逆变电路（见图 5.10），可看成由三个半桥逆变电路组成。

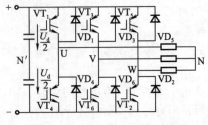

图 5.10　三相桥式逆变电路

每桥臂导电 180°，同一相上下两臂交替导电，各相开始导电的角度差 120°，任一瞬间有三个桥臂同时导通，每次换流都是在同一相上下两臂之间进行的，又称纵向换流。

其波形分析如图 5.11 所示。

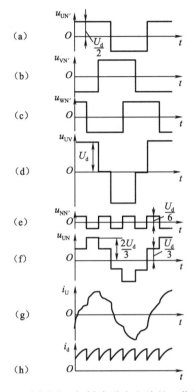

图 5.11　电压型三相桥式逆变电路的工作波形

负载各相到电源中性点 N′ 的电压：U 相，V_1 导通，$u_{UN'} = U_d/2$，V_4 导通，$u_{UN'} = -U_d/2$。

负载线电压满足：

$$\begin{cases} U_{UV} = U_{UN} - U_{VN} \\ U_{UW} = U_{UN} - U_{WN} \\ U_{VW} = U_{VN} - U_{WN} \end{cases} \tag{5.1}$$

负载相电压满足：

$$\begin{cases} u_{UV} = u_{UN} - u_{VN} \\ u_{UW} = u_{UN} - u_{WN} \\ u_{VW} = u_{VN} - u_{WN} \end{cases} \tag{5.2}$$

负载三相对称时有：

$$u_{UN} + u_{VN} + u_{WN} = 0 \tag{5.3}$$

负载已知时，可由 u_{UN} 波形求出 i_U 波形，一相上下两桥臂间的换流过程和半桥电路相似，桥臂 1、3、5 的电流相加可得直流侧电流 i_d 的波形，i_d 每 60° 脉动一次，直流电压基本无脉动，因此逆变器从直流侧向交流侧传送的功率是脉动的，这是电压型逆变电路的一个特点。

5.1.3　电流型逆变电路

直流电源为电流源的逆变电路称为电流型逆变电路。电流型逆变电路一般在直流侧串联大电感器,电流脉动很小,可近似看成直流电流源。

电流型逆变电路的主要特点:

(1)直流侧串大电感器,相当于电流源。

(2)交流输出电流为矩形波,输出电压波形和相位因负载不同而不同。

(3)直流侧电感器起缓冲无功能量的作用,不必给开关器件反并联二极管。

电流型逆变电路中,采用半控型器件的电路仍应用较多。换流方式有负载换流、强迫换流。

1. 单相电流型逆变电路

如图 5.12 所示,四个桥臂,每个桥臂晶闸管各串一个电抗器 L_T 限制晶闸管开通时的 di/dt。VT_1、VT_4 和 VT_2、VT_3 以 1 000~2 500 Hz 的中频轮流导通,可得到中频交流电。采用负载换相方式,要求负载电流超前于电压。

负载一般是电磁感应线圈,加热线圈内的钢料,RL 串联为其等效电路,因功率因数很低,故并联 C 以提高功率因数。C 和 L、R 构成并联谐振电路,故此电路称为并联谐振式逆变电路。

输出电流波形接近矩形波,含基波和各奇次谐波,且谐波幅值远小于基波。因基波频率接近负载电路谐振频率,故负载对基波呈高阻抗,对谐波呈低阻抗,谐波在负载上产生的压降很小,因此负载电压波形接近正弦波。

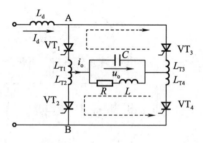

图 5.12　单相电流型(并联谐振式)逆变电路

工作波形分析如图 5.13 所示,一个周期内,有两个稳定导通阶段和两个换流阶段。

$t_1 \sim t_2$:VT_1 和 VT_4 稳定导通阶段,$i_o = I_d$,t_2 时刻前在 C 上建立了左正右负的电压。

$t_2 \sim t_4$:t_2 时触发 VT_2 和 VT_3 开通,进入换流阶段。VT_1、VT_4 不能立刻关断,电流有一个减小过程。VT_2、VT_3 电流有一个增大过程。四个晶闸管全部导通,负载电压经两个并联的放电回路同时放电。t_2 时刻后,L_{T1}、VT_1、VT_3、L_{T3} 到 C;另一个经 L_{T2}、VT_2、VT_4、L_{T4} 到 C。t_4 时刻,VT_1、VT_4 电流减至零而关断,换流阶段结束。$t_4 - t_2 = t_g$ 称为换流时间。i_o 在 t_3 时刻,即 $i_{VT1} = i_{VT2}$ 时刻过零,t_3 时刻大体位于 t_2 和 t_4 的中点。

晶闸管需要一段时间才能恢复正向阻断能力,换流结束后还要使 VT_1、VT_4 承受一段反向电压时间 t_β,$t_\beta = t_5 - t_4$ 应大于晶闸管的关断时间 t_q。为保证可靠换流,应在 u_o 过零前 $t_d = t_5 - t_2$ 时刻触发 VT_2、VT_3。

实际工作过程中,电磁感应线圈参数随时间变化,必须使工作频率适应负载的变化而自动调整,这种控制方式称为自励方式。固定工作频率的控制方式称为他励方式。

自励方式存在起动问题,解决方法如下:

一是先用他励方式,系统开始工作后再转入自励方式;另一种方法是附加预充电起动电路。

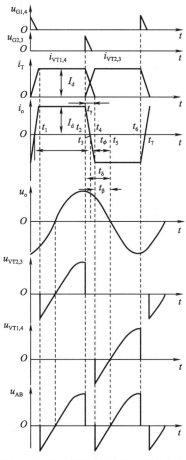

图 5.13　单相电流型（并联谐振式）逆变电路工作波形

2. 三相电流型逆变电路

三相电流型逆变电路（采用全控型器件）基本工作方式是 120°导电方式，即每个桥臂一周期内导电 120°。每时刻上下桥臂组各有一个臂导通，横向换流，如图 5.14 所示。

输出电流波形和负载性质无关，正负脉冲各 120°的矩形波。输出电流和三相桥式整流带大电感负载时的交流电流波形相同，谐波分析表达式也相同。输出线电压波形和负载性质有关，大体为正弦波。

输出交流电流的基波有效值为

$$I_{U1} = \frac{\sqrt{6}}{\pi} I_d = 0.78 I_d \tag{5.4}$$

串联二极管式晶闸管逆变电路换流过程波形如图 5.14 所示。这种电路因各桥臂的晶闸管和二极管串联使用而得名，主要用于中大功率交流电动机调速系统。

三相电流型桥式逆变电路：电路仍为前述的 120°导电工作方式，输出波形如图 5.14（b）所示。各桥臂的晶闸管和二极管串联使用，各桥臂之间换流采用强迫换流方式，连接于各臂之间的电容器 $C_1 \sim C_6$ 即为换流电容器。

对共阳极晶闸管，与导通晶闸管相连一端极性为正，另一端为负。不与导通晶闸管相连的电容器电压为零。共阴极晶闸管与共阳极晶闸管情况类似，只是电容器电压极性相反。

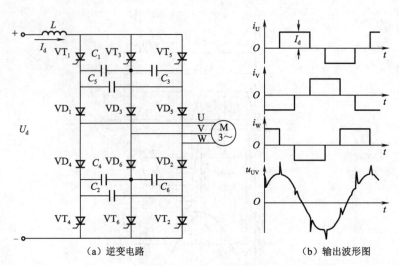

（a）逆变电路　　　　　　（b）输出波形图

图 5.14　三相电流型逆变电路及其输出波形图

等效换流电容：例如分析从 VT_1 向 VT_3 换流时，C_{13} 就是 C_3 与 C_5 串联后再与 C_1 并联的等效电容。设 $C_1 \sim C_6$ 的电容量均为 C，则 $C_{13} = 3C/2$。

换流前 VT_1 和 VT_2 导通，C_{13} 电压 U_{C0} 左正右负。换流过程可分为恒流放电和二极管换流两个阶段。

（1）恒流放电阶段。t_1 时刻触发 VT_3 导通，VT_1 被施以反向电压而关断。I_d 从 VT_1 换到 VT_3，C_{13} 通过 VD_1、U 相负载、W 相负载、VD_2、VT_2、直流电源和 VT_3 放电，放电电流恒为 I_d，故称为恒流放电阶段。u_{C13} 下降到零之前，VT_1 承受反向电压，反向电压时间大于 t_q 就能保证关断。

（2）二极管换流阶段。t_2 时刻，u_{C13} 降到零，之后 C_{13} 反向充电。忽略负载电阻压降，则二极管 VD_3 导通，电流为 i_V，VD_1 电流为 $i_U = I_d - i_V$，VD_1 和 VD_3 同时导通，进入二极管换流阶段。随着 C_{13} 电压增高，充电电流渐小，i_V 渐大，t_3 时刻，i_U 减到零，$i_V = I_d$，VD_1 承受反向电压而关断，二极管换流阶段结束。

t_3 以后，VT_2、VT_3 稳定导通阶段。

电感负载时，u_{C13}、i_U、i_V 及 u_{C1}、u_{C3}、u_{C5} 波形如图 5.15 所示。图 5.15 中给出了各换流电容器电压 u_{C1}、u_{C3} 和 u_{C5} 的波形。u_{C1} 的波形和 u_{C13} 完全相同，在换流过程中，从 U_{C0} 降为 $-U_{C0}$，C_3 和 C_5 是串联后再和 C_1 并联的，电压变化的幅度是 C_1 的一半。换流过程中，u_{C3} 从零变到 $-U_{C0}$，u_{C5} 从 U_{C0} 变到零，这些电压恰好符合相隔 $120°$ 后从 VT_3 到 VT_5 换流时的要求。

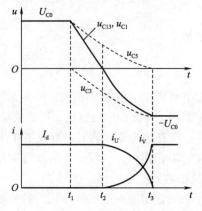

图 5.15　串联二极管式晶闸管逆变电路换流过程波形

三相电流型逆变电路驱动同步电动机，负载换流，工作特性、调速方式和直流电动机相似，但无换向器，因此称为无换向器电动机。其基本电路如图 5.16 所示，工作波形如图 5.17 所示。

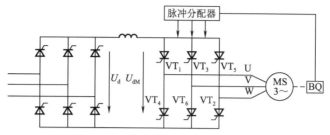

图 5.16　无换相器电动机的基本电路

图 5.16 中 BQ 为转子位置检测器，检测磁极位置以决定什么时候给哪个晶闸管发出触发脉冲。

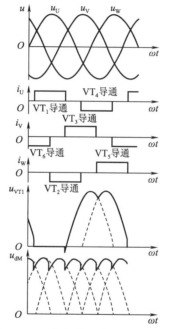

图 5.17　无换向器电动机电路工作波形

5.1.4　三相有源逆变电路

1. 三相半波有源逆变电路

（1）工作原理。图 5.18 为三相半波电动机负载电路及波形图，负载回路接有大电感器，电流连续。当 α 在 $0 \sim \pi/2$ 范围内变动时，平均值 U_d 总为正值，且 U_d 应略大于 E。此时电流 i_d 从 u_d 正端流出，从 E 的正端流入，电机作为电动机运行，吸收电能，这就是三相半波电路的整流工作状态。

对于逆变状态（$\pi/2 < \alpha < \pi$），选取和整流状态相对应的条件进行分析，假设此时电动机反电势的极性已反接（见图 5.19）。因为有了持续的直流电动势和极大的电感 L_d，主电路电流始终连续。

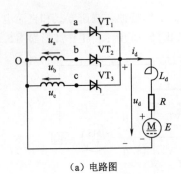
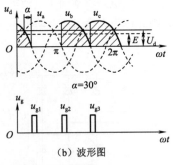

（a）电路图　　　　　　　　　　　　（b）波形图

图 5.18　三相半波电动机负载电路及波形图

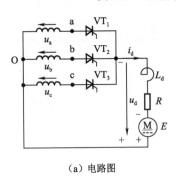
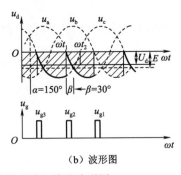

（a）电路图　　　　　　　　　　　　（b）波形图

图 5.19　三相半波电动机负载极性反接电路及波形图

当 α 在 $\pi/2 \sim \pi$ 范围内变动时，输出电压平均值 U_d 为负，其极性是上负下正的，此时电动机的电动势 E 应稍大于 U_d。主电路内的电流 I_d 方向没有变，但是它从 E 的正端流出，到 U_d 的正端流入，所以电能倒送。

（2）逆变角 β 及逆变电压的计算。三相半波有源逆变电路在整流和逆变范围内，只要电流连续，每个晶闸管的导通角都是 $2\pi/3$，故不论控制角 α 为何值，直流侧输出电压的平均值和 α 的关系都为

$$U_\mathrm{d} = 1.17U_2\cos\alpha = -1.17U_2\cos\beta \tag{5.5}$$

为分析和计算方便起见，电路进入逆变状态时，通常用逆变角 β 表示。规定 β 计算的起始点为控制角 $\alpha = \pi$ 处，计算方法为自 $\alpha = \pi$（$\beta = 0$）的起始点向左方计算，因此控制角和逆变角的关系是 $\alpha + \beta = \pi$ 或 $\beta = \pi - \alpha$。

2. 三相桥式全控有源逆变电路

图 5.20 为三相有源逆变电路及波形图。根据前面的分析，在区间 $0 < \alpha < \pi/2$，电路工作于整流状态；$\alpha = \pi/2$ 时，$U_\mathrm{d} = 0$；在 $\pi/2 < \alpha < \pi$ 时，电路工作于有源逆变状态。

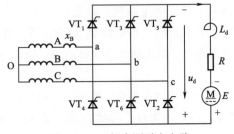

图 5.20　三相有源逆变电路

考虑变压器漏抗时，逆变器输出电压为

$$U_d = -2.34U_2\cos\alpha - \frac{3x_B}{\pi}I_d \qquad (5.6)$$

在三相逆变电路中，其他的电量，如电流平均值、晶闸管电流平均值和有效值、变压器的容量计算等，均可按照整流电流的计算原则进行。

5.1.5 逆变条件及逆变失败因素分析

1. 逆变失败的定义

逆变运行时，一旦发生换相失败，使整流电路由逆变工作状态进入整流工作状态，U_d 又重新变成正值，使输出平均电压和直流电势变成顺向串联，外接的直流电源通过晶闸管电路形成短路，这种情况称为逆变失败，又称逆变颠覆，这是一种事故状态，应当避免。

2. 逆变失败的原因

造成逆变失败的原因很多，大致可归纳为四类，下面以三相半波逆变电路为例，加以说明。

1）触发电路工作不可靠

触发电路不能适时地、准确地给各晶闸管分配脉冲，如脉冲丢失，脉冲延迟等，致使晶闸管工作失常。如图 5.21 所示，当 a 相晶闸管 VT_1 导通到 ωt_1 时刻，正常情况时 u_{g2} 触发 VT_2，电流换到 b 相，如果在 ωt_1 时刻，触发脉冲 u_{g2} 遗漏，VT_1 不受反向电压而不关断，a 相晶闸管 VT_1 将继续导通到正半周，使电源瞬时电压与直流电势顺向串联，形成短路。

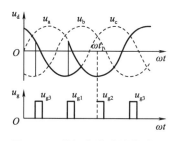

图 5.21　晶闸管脉冲错位波形

图 5.22 表明脉冲延迟的情况，u_{g2} 延迟到 ωt_2 时刻才出现，此时 a 相电压 u_a 已大于 b 相电压 u_b，晶闸管 VT_2 承受反向电压，不能被触发导通，晶闸管 VT_1 也不能关断，相当于 u_{g2} 遗漏，形成短路。

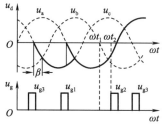

图 5.22　脉冲延迟

2）晶闸管发生故障

在应该阻断期间，元件失去阻断能力；或在应该导通时刻，元件不能导通，如图 5.23 所示。在 ωt_1 时刻之前，由于 VT_3 承受的正向电压等于 E 和 u_c 之和，特别是当逆变角较小时，这一正向电压较高，若 VT_3 的断态重复峰值电压裕量不足，则到达 ωt_1 时刻，本该由 VT_1 换相到 VT_2，但此时 VT_3 已导通，VT_2 因承受反向电压而无法导通，造成逆变失败。

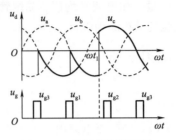

图 5.23　晶闸管故障波形

3）换相的裕量角不足

存在重叠角或给逆变工作带来不利的后果，如以 VT_1 和 VT_2 的换相过程来分析，当逆变电路工作在 $\beta > \gamma$ 时，经过换相过程后，b 相电压 u_b 仍高于 a 相电压 u_a，所以换相结束时，能使 VT_1 承受反向电压而关断。如果换相的裕量角不足，即当 $\beta < \gamma$ 时，从图 5.24 的波形中可以看出，当换相尚未结束时，电路的工作状态到达 P 点之后，a 相电压 u_a 将高于 b 相电压 u_b，晶闸管 VT_2 则将承受反向电压而重新关断，而应该关断的 VT_1 却还承受正向电压而继续导通，且 a 相电压随着时间的推迟越来越高，致使逆变失败。

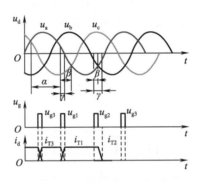

图 5.24　裕量角不足波形

4）交流电源发生异常现象

在逆变运行时，可能出现交流电源突然断电、缺相或电压过低等现象。如果在逆变工作时，交流电源发生缺相或突然断电，由于直流电动势 E 的存在，晶闸管仍可触发导通，此时变流器的交流侧由于失去了同直流电动势极性相反的交流电压，因此直流电动势将经过晶闸管电路而被短路。

3. 最小逆变角的确定

由上可见，为了保证逆变电路的正常工作，必须选用可靠的触发器，正确选择晶闸管的参数，并且采取必要的措施，减少电路中 du/dt 和 di/dt 的影响，以免发生误导通。为了防止意外事故，与整流电路一样，电路中一般应装有快速熔断器或快速开关，保护电路。另外，为了防止发生逆变颠覆，逆变角 β 不能太小，必须限制在某一允许的最小角度内。

逆变时允许采用的最小逆变角 β 应为

$$\beta = \delta + \gamma + \theta'$$

式中：δ——晶闸管的关断时间 t_q 折合的电角度，称为恢复阻断角，$\delta = t_q$；

γ——换相重叠角；

θ'——安全裕量角。

5.2 光伏逆变器

5.2.1 光伏逆变器概述

1. 光伏逆变器的发展

通常，把将交流电能变换成直流电能的过程称为整流，把完成整流功能的电路称为整流电路，把实现整流过程的装置称为整流设备或整流器。与之相对应，把直流电能变换成交流电能的过程称为逆变，把完成逆变功能的电路称为逆变电路，把实现逆变过程的装置称为逆变设备或逆变器。

SMA 是全球最早生产光伏逆变器的生产企业，占全球市场份额的 33% 左右，为全球光伏逆变器领军企业，其产品发展历程具有一定的代表性。目前我国在小功率逆变器上与国际处于同一水平，在大功率并网逆变器上，合肥阳光电源大功率逆变器 2005 年已经批量向国内、国际供货。该公司 250 kW、500 kW 等大功率产品都取得了国际、国内认证，部分技术指标已经超过国外产品水平，并在国内西部荒漠、世博会、奥运场馆等重点项目上运行，效果良好。

2. 光伏逆变器的分类

1）按宏观分类

（1）普通型逆变器。

（2）逆变/控制一体机。

（3）邮电通信专用逆变器。

（4）航天、军队专用逆变器。

2）按逆变器输出交流电能的频率分类

（1）工频逆变器，工频逆变器的频率为 50 ~ 60 Hz 的逆变器。

（2）中频逆变器，中频逆变器的频率一般为 400 Hz 到十几千赫［兹］

（3）高频逆变器，高频逆变器的频率一般为十几千赫［兹］到兆赫［兹］。

3）按逆变器输出相数分类

（1）单相逆变器。

（2）三相逆变器。

（3）多相逆变器。

4）按逆变器主电路的形式分类

（1）单端式逆变器。

（2）推挽式逆变器。

（3）半桥式逆变器。

（4）全桥式逆变器。

5）按逆变器控制方式分类

（1）调频式（PFM）逆变器。

（2）调脉宽式（PWM）逆变器。

6）按逆变器开关电路工作方式分类

（1）谐振式逆变器。

（2）定频硬开关式逆变器。

（3）定频软开关式逆变器。

7）按逆变器输出波形分类

（1）方波逆变器。方波逆变器输出的电压波形为方波，此类逆变器所使用的逆变电路也不完全相同，但共同的特点是线路比较简单，使用的功率开关数量很少。设计功率一般在百瓦至千瓦之间。

方波逆变器的优点：线路简单、维修方便、价格便宜。缺点：方波电压中含有大量的高次谐波，在带有铁芯电感器或变压器的负载用电器中将产生附加损耗，对收音机和某些通信设备有干扰。此外，这类逆变器还有调压范围不够宽，保护功能不够完善，噪声比较大等缺点。

（2）阶梯波逆变器。此类逆变器输出的电压波形为阶梯波。逆变器实现阶梯波输出也有多种不同的线路。输出波形的阶梯数目差别很大。

阶梯波逆变器的优点：输出波形比方波有明显改善，高次谐波含量减少，当阶梯达到17个以上时，输出波形可实现准正弦波，当采用无变压器输出时整机效率很高。缺点：阶梯波叠加线路使用的功率开关较多，其中还有些线路形式要求有多组直流电源输入。这给光伏电池方阵的分组与接线和蓄电池的均衡充电均带来麻烦。此外阶梯波电压对收音机和某些通信设备仍有一些高频干扰。

（3）正弦波逆变器。正弦波逆变器输出的电压波形为正弦波。正弦波逆变器的优点：输出波形好、失真度很低，对收音机及通信设备干扰小、噪声低。此外，保护功能齐全，整机效率高。缺点：线路相对复杂，对维修技术要求高，价格昂贵。

8）按隔离方式分类

（1）独立光伏系统逆变器。独立光伏系统（见图5.25）包括边远地区的村庄供电系统，太阳能户用电源系统，通信信号电源，阴极保护，太阳能路灯等带有蓄电池的独立发电系统，以及独立光伏逆变器。在独立光伏系统中，逆变器主要为交流负载供电。

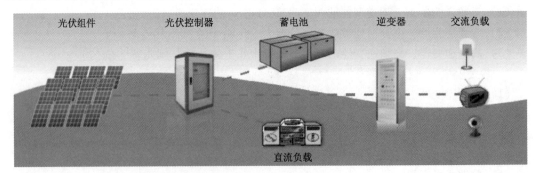

图5.25　独立光伏系统

（2）并网光伏系统逆变器。并网光伏系统（见图5.26）是与电网相连并向电网输送电力的光伏发电系统。通过光伏组件将接收来的太阳辐射能量经过高频直流转换后变成高压直流电，经过逆变器逆变转换后向电网输出与电网电压同频、同相的正弦交流电流，并网光伏系统中逆变器主要向电网供电。

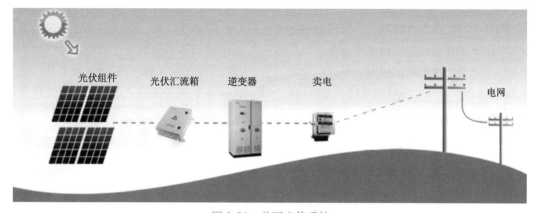

图 5.26　并网光伏系统

3. 光伏逆变器的特点

1）要求具有较高的效率

由于目前光伏电池的价格偏高，为了最大限度地利用光伏电池，提高系统效率，必须设法提高光伏逆变器的效率。

2）要求具有较高的可靠性

目前光伏发电系统主要用于边远地区，许多电站无人值守和维护，这就要求光伏逆变器有合理的电路结构，严格的元器件筛选，并要求光伏逆变器具备各种保护功能，如输入直流极性接反保护、交流输出短路保护、过热及过载保护等。

3）要求输入电压有较宽的适应范围

由于光伏电池的端电压随负载和日照强度变化而变化。特别是当蓄电池老化时，其端电压的变化范围很大，如 12 V 的蓄电池，其端电压可能在 10 ~ 16 V 之间变化，这就要求光伏逆变器在较大的直流输入电压范围内保证正常工作。

5.2.2　光伏逆变器的工作原理

光伏逆变装置的核心是逆变开关电路，简称逆变电路。该电路通过电力电子开关的导通与关断，来完成逆变的功能。逆变器简单原理图如图 5.27 所示。

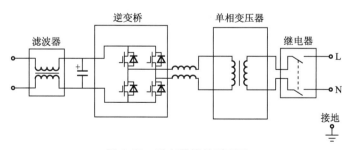

图 5.27　逆变器简单原理图

第 5 章　逆变电路分析与制作

1. 逆变技术分析

1）低频环节逆变技术

此技术可以分为方波逆变、阶梯合成逆变、脉宽调制逆变三种，但这三种逆变器的共同点都是用来实现电器隔离和调整电压比的。变压器工作频率等于输出电压频率，所以称为低频环节逆变器，该电路结构由工频或高频逆变器、工频变压器以及输入/输出滤波器构成，如图 5.28 所示，具有电路结构简洁、单级功率变换、变换效率高等优点，但同时也有变压器体积和质量大、音频噪声大等缺点。

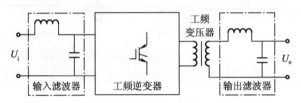

图 5.28　低频环节逆变原理图

2）高频环节逆变技术

高频环节逆变原理图如图 5.29 所示。利用高频变压器替代低频变压器进行能量传输，并实现变流装置的一、二次［侧］电源之间的电气隔离，从而减小了变压器的体积和质量，降低了音频噪声，此外逆变器还具有变换效率高、输出电压纹波小等优点，此类技术中也有不用变压器隔离的，在逆变器前面直接用一级高频升压环节，这级高频升压环节可以提高逆变侧的直流电压，使得逆变器输出与电网电压相当，但是这种方式没有实现输入/输出的隔离，比较危险，相比这两种技术来讲，高频环节的逆变器比低频逆变器技术难度高、造价高、拓扑结构复杂。

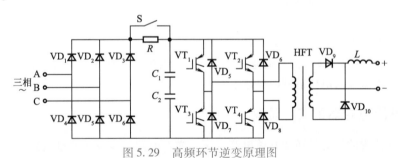

图 5.29　高频环节逆变原理图

2. 单相逆变电路拓扑分析

实现逆变有很多种典型的电路拓扑，主要有推挽逆变拓扑、半桥逆变拓扑、全桥逆变拓扑三种。下面将对这三种电路拓扑进行介绍。

1）推挽逆变拓扑

图 5.30 所示的推挽逆变拓扑原理图只用了两个开关器件，比全桥电路少用了一半的开关器件，可以提高能量利用率。另外，驱动电路具有公共地，驱动简单，适用于一次电压比较低的场合，但由于本身电路的结构特点，推挽逆变拓扑无法输出正弦电压波形，只能输出方波电压波形，适用于 1 kW 以下的方波电压方案。

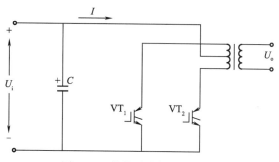

图 5.30　推挽逆变拓扑原理图

2）半桥逆变拓扑

图 5.31 所示的半桥逆变拓扑原理图，其功率开关器件也比较少，结构简单，但主电路交流输出的电压幅值仅为 $U_i/2$，在同等容量下，其功率开关的额定电流为全桥逆变电路中的功率开关器件额定电流的 2 倍，由于分压电容器的作用，该电路还具有较强的抗电压输出不平衡能力。

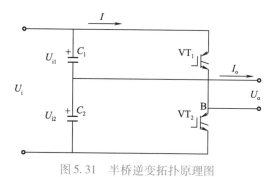

图 5.31　半桥逆变拓扑原理图

3）全桥逆变拓扑

图 5.32 所示的全桥逆变拓扑原理图，使用了四个开关器件，开关端电压为 U_i，在相同的直流输入电压下，其最大输出电压是半桥逆变电路的两倍。这就意味着在输出相同功率的情况下，全桥逆变器输出电流和通过开关器件的电流均为半桥逆变电路的一半，但驱动电路相比于前面两种复杂。

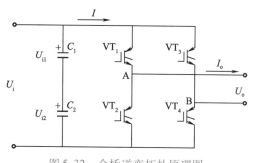

图 5.32　全桥逆变拓扑原理图

3. 并网逆变器的电路结构

图 5.33 为并网逆变器内部功能模块框图。光伏输入在逆变器直流侧汇总，升压电路将输

入直流电压提高到逆变器所需的值。MPPT 跟踪器保证光伏阵列产生直流电能可以最大程度地被逆变器所使用。IGBT 全桥电路将直流电转换成交流电压和电流。保护功能电路在逆变器运行过程中监测运行状况，在非正常工作条件下可触发内部继电器从而保护逆变器内部器件免受损坏。

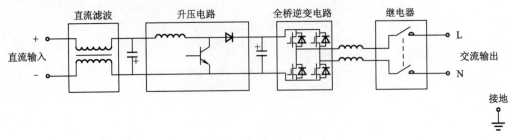

图 5.33　并网逆变器内部功能模块框图

5.2.3　光伏逆变器控制技术

1. 光伏逆变器的控制策略

光伏逆变器的控制策略主要有采用经典控制理论的控制策略和采用现代控制理论的控制策略两种。

　1）经典控制理论的控制策略

（1）电压均值反馈控制。给定一个电压均值，反馈采样输出电压的均值，两者相减得到一个误差，对误差进行 PI（比例－积分）调节，去控制输出。它是一个恒值调节系统，优点是输出可以达到无净差，缺点是快速性不好。

（2）电压单闭环瞬时值反馈控制。电压单闭环瞬时值反馈控制采用的电压瞬时值给定，输出电压瞬时值反馈，对误差进行 PI 调节，去控制输出。它是一个随动调节系统，由于积分环节存在相位滞后，系统不可能达到无净差，所以这种控制方法的稳态误差比较大，但快速性比较好。

（3）电压单闭环瞬时值和电压均值相结合的控制方法。由于电压单闭环瞬时值控制系统的稳态误差比较大，而电压均值反馈误差比较小，可以在 PI 控制的基础上再增设一个电压均值反馈，以提高系统的稳态误差。

（4）电压、电流双闭环瞬时控制。电压单闭环控制在抵抗负载扰动方面的缺点与直流电动机的转速单闭环控制比较类似，具体表现在只有当负载（电流、转矩）扰动的影响最终在系统输出端（电压、转速）表现出来后，控制器才开始有反应，基于这一点，可以在电压外环基础上加一个电流内环，利用电流内环快速、及时的抗扰性来抑制负载波动的影响，同时由于电流内环对被控对象的改造作用，使得电压外环调节可以大大简化。

　2）现代控制理论的控制策略

（1）多变量状态反馈控制。多变量状态反馈控制的优点在于可以大大改善系统的动态品质，因为它可以任意地配置系统的极点，但是建立逆变器的状态模型时很难将负载的动态特性考虑在内，所以，状态反馈只能针对空载或假定负载进行，对此应采用负载电流前馈补偿，预先进行鲁棒性分析，才能使系统有好的稳态和动态性能。

（2）无差拍控制。无差拍控制的基本思想是将给定的正弦参考波形等间隔地划分成若干个周期，根据每个采样周期的起始值采用预测算法计算出在采样结束时负载应输出值，通过合理计算这个值的大小使系统输出在采样周期结束时与参考波形完全重合，没有任何相位和幅值偏差。

（3）滑模变结构控制。滑模变结构控制是一种非线性的控制方法。它的基本思想是利用某种不连续的开关控制策略来强迫系统的状态变量沿着某一设计好的滑模面运动。滑模变结构控制的优点是对系统参数变化和外部扰动不敏感，具有较强的鲁棒性。然而，对逆变电源系统来说，要确定一个理想的滑模面是很困难的。并且，在用数字式方法来实现这种控制方式时，开关频率必须足够高。

（4）模糊控制。模糊控制属于智能控制的范畴，与传统的控制方式相比，智能控制最大的优点是不依赖于系统的数学模型，它是控制理论发展的高级阶段，主要用来处理那些对象不确定性，高度非线性的问题。

（5）重复控制。重复控制是根据内模原理，对指令和扰动信号均设了一个内模，因此可以达到输出无净差，缺点是动态响应比较慢，且需要比较大的内存。

2. 光伏逆变器正弦脉冲调制技术

采样控制理论中有一个重要结论：冲量相等而形状不同的窄脉冲加在具有惯性的环节上时，其效果基本相同。PWM 控制技术就是以该结论为理论基础，对半导体开关器件的导通和关断进行控制，使输出端得到一系列幅值相等而宽度不相等的脉冲，用这些脉冲来代替正弦波或其他所需要的波形。按一定的规则对各脉冲的宽度进行调制，既可改变逆变电路输出电压的大小，也可以改变输出频率。

如果把一个正弦半波分成 N 等份，然后把每一等份的正弦曲线与横轴包围的面积，用与它等面积的等高而不等宽的矩形脉冲代替，矩形脉冲的中点与正弦波每一等份的中点重合，根据"冲量相等，效果基本相同"的原理，这样的一系列的矩形脉冲与正弦半波是等效的，对于正弦波的负半周也可以用同样的方法得到 PWM 波形。像这样的脉冲宽度按正弦规律变化而和正弦波等效的 PWM 波形就是 SPWM 波。

SPWM 有两种控制方式，一种是单极式，另一种是双极式。两种控制方式调制方法相同，输出基本电压的大小和频率也都是通过改变正弦参考信号的幅值和频率而改变的，只是功率开关器件通断的情况不一样，采用单极式控制时，正弦波的半个周期内每相只有一个开关元器件开通或关断，而双极式控制时，逆变器同一桥臂上下两个开关器件交替通断，处于互补工作方式，双极式比单极式调制输出的电流变化率较大，外界干扰较强。

单相桥式 SPWM 逆变电源采用单极式倍频调制方式时的输出 SPWM 波形如图 5.34 所示，它是采用两个相位相反的而幅值相等的三角波与一正弦波相比较，可看成将三角载波进行全波整流（将虚线三角波沿 X 轴往上翻），再由正弦波进行调制，得到了两个二阶 SPWM 波，使两个二阶 SPWM 波相减，就可得到三阶 SPWM 波，即在调制波的正半周，三阶 SPWM 波主要由 U_{g1} 和 U_{g3} 相减得到；在调制波的负半周，三阶 SPWM 波主要由 U_{g2} 和 U_{g4} 相减得到。

3. 光伏阵列工作点跟踪控制

光伏阵列工作点跟踪控制主要有恒电压控制（CVT）和最大功率点跟踪（MPPT）这两种方式。

CVT 是通过将光伏阵列端电压稳定于某个值的方法，确定系统功率点。其优点是控制简单，系统稳定性好。但当温度变化较大时，CVT 方式下的光伏阵列工作点将偏离最大功率点。

第 5 章 逆变电路分析与制作

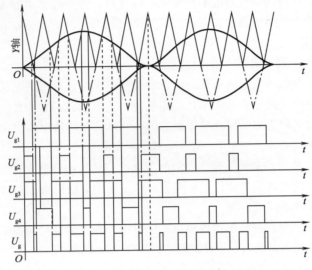

图 5.34　单极式倍频调制方式时的输出 SPWM 波形

　　MPPT 是当前较广泛采用的光伏阵列功率点控制策略。它通过实时改变系统的工作状态，跟踪光伏阵列的最大工作点，从而实现系统的最大功率输出。它是一种自主寻优方式，动态性能较好，但稳定性不如 CVT 。其常用方法有"上山"法、干扰观察法、电导增量法等。

　　现在对 MPPT 的研究集中在简单、高稳定性的控制算法实现上，如最优梯度法、模糊逻辑控制法、神经元网络控制法等，也都取得了较显著的跟踪控制效果。

4. 逆变器对孤岛效应的检测与控制

　　逆变器直接并网时，除了应具有基本的保护功能外，还应具备防孤岛效应的特殊功能。从用电安全与电能质量考虑，孤岛效应是不允许出现的；孤岛效应发生时必须快速、准确地切除并网逆变器。由此引出了对于孤岛效应进行检测的控制。

　　孤岛效应的检测一般分成被动式与主动式。被动式检测是利用电网监测状态，如电压、频率、相位等作为判断电网是否故障的依据。如果电网中负载正好与逆变器输出匹配，被动式检测将无法检测到孤岛效应的发生。主动式检测则是通过电力逆变器定时产生干扰信号，以观察电网是否受到影响作为判断依据，如脉冲电流注入法、输出功率变化检测法、频率偏移法和滑模频率偏移法等。它们在实际并网逆变器中都有所应用，但也存在着各自的不足。当电压幅值和频率变化范围小于某一值时，频率偏移法无法检测到孤岛效应，即存在"检测盲区"。输出功率变化检测法虽不存在"检测盲区"，然而光伏并网系统受到光照强度等影响，其光伏输出功率随时在波动，对逆变器加入有功功率扰动，将会降低光伏阵列和逆变系统的效率。为了解决这个问题，光伏并网的有功功率和无功功率综合控制方法经常被提出来。

　　随着光伏并网发电系统进一步的广泛应用，当多个逆变器同时并网时，不同逆变器输出的变化非常大，从而导致上述方法可能失效。因此，研究多逆变器的并网通信、协同控制已成为其孤岛效应检测与控制的研究趋势。

5. 锁相环控制技术

　　在光伏并网发电系统中，需要实时检测电网电压的相位和频率以控制并网逆变器，使其输出电流与电网电压相位及频率保持同步，即同步锁相。

同步锁相是光伏并网系统的一项关键技术，其控制精确度直接影响到系统的并网运行性能。倘若锁相环电路不可靠，在逆变器与电网并网工作切换中会产生逆变器与电网之间的环流，对设备造成冲击，缩短设备使用寿命，严重时还将损坏设备。目前，对基于 DSP 的数字锁相环的应用较多。

5.3 光伏逆变器应用实践

5.3.1 光伏逆变器性能指标及简单选型

1. 光伏逆变器性能指标

1）输出电压的稳定度

光伏系统中，光伏电池发出的电能先由蓄电池储存起来，然后经过逆变器逆变成 220 V 或 380 V 的交流电。但是，蓄电池受自身充放电的影响，其输出电压的变化范围较大，如标称 12 V 的蓄电池，其电压值可在 10.8 ~ 14.4 V 之间变动（超出这个范围可能对蓄电池造成损坏）。对于一个合格的逆变器，输入端电压在这个范围内变化时，其稳态输出电压的变化量应不超过额定值的 ±5%，同时当负载发生突变时，其输出电压偏差不应超过额定值的 ±10%。

2）输出电压的波形失真度

正弦波逆变器应规定允许的最大波形失真度（或谐波含量）。通常以输出电压的总波形失真度表示，其值应不超过 5%（单相输出允许 10%）。由于逆变器输出的高次谐波电流会在感性负载上产生涡流等附加损耗，如果逆变器波形失真度过大，会导致负载部件严重发热，不利于电气设备的安全，并且严重影响系统的运行效率。

3）额定输出频率

对于包含电动机之类的负载，如洗衣机、电冰箱等，由于其电动机最佳频率工作点为 50 Hz，频率过高或者过低都会造成设备发热，降低系统运行效率和使用寿命，所以逆变器的输出频率应是一个相对稳定的值，通常为工频 50 Hz，正常工作条件下其偏差应在 ±1% 以内。

4）负载功率因数

负载功率因数表征逆变器带感性负载或容性负载的能力。正弦波逆变器的负载功率因数为 0.7 ~ 0.9，额定值为 0.9。在负载功率一定的情况下，如果逆变器的功率因数较低，则所需逆变器的容量就要增大，一方面造成成本增加，同时光伏发光系统交流回路的视在功率增大，回路电流增大，损耗必然增加，系统效率也会降低。

5）逆变器效率

逆变器效率是指在规定的工作条件下，其输出功率与输入功率之比，以百分数表示，一般情况下，光伏逆变器的标称效率是指纯阻性负载，80% 负载情况下的效率。由于光伏发电系统总体成本较高，因此应该最大限度地提高光伏逆变器的效率，降低系统成本，提高光伏发电系统的性价比。目前主流逆变器标称效率在 80% ~ 95% 之间，对小功率逆变器要求其效率不低于 85%。在光伏系统实际设计过程中，不但要选择高效率的逆变器，同时还应通过系统合理配置，尽量使光伏系统负载工作在最佳效率点附近。

6）额定输出电流（或额定输出容量）

额定输出电流表示在规定的负载功率因数范围内逆变器的输出电流。有些逆变器产品给

出的是额定输出容量，其单位为 V·A 或 kV·A。逆变器的额定容量是当输出功率因数为 1（即纯阻性负载）时，额定输出电压与额定输出电流的乘积。

7）保护措施

一款性能优良的逆变器，还应具备完备的保护功能或措施，以应对在实际使用过程中出现的各种异常情况，使逆变器本身及系统其他部件免受损伤。

（1）输入欠电压保护。当输入端电压低于额定电压的 85% 时，逆变器应有保护和显示。

（2）输入过电压保护。当输入端电压高于额定电压的 130% 时，逆变器应有保护和显示。

（3）过电流保护。逆变器的过电流保护，应能保证在负载发生短路或电流超过允许值时及时动作，使其免受浪涌电流的损伤。当工作电流超过额定电流的 150% 时，逆变器应能自动保护。

（4）输出短路保护。逆变器短路保护动作时间应不超过 0.5 s。

（5）输入反接保护。当输入端正、负极接反时，逆变器应有防护和显示功能。

（6）防雷保护。逆变器应有防雷保护。

8）起动特性

表征逆变器带负载起动的能力和动态工作时的性能。逆变器应保证在额定负载下可靠起动。

9）噪声

电力电子设备中的变压器、滤波电感器、电磁开关及风扇等部件均会产生噪声。逆变器正常运行时，其噪声应不超过 80 dB，小型逆变器的噪声应不超过 65 dB。

2. 光伏逆变器的简单选型

光伏逆变器的选用，首先要考虑具有足够的额定容量，以满足最大负荷下设备对电功率的要求。对于以单一设备为负载的逆变器，其额定容量的选取较为简单。

当用电设备为纯阻性负载或功率因数大于 0.9 时，选取逆变器的额定容量为用电设备容量的 1.1 ~ 1.15 倍即可。同时，逆变器还应具有抗容性和感性负载冲击的能力。

对一般电感性负载，如电动机、冰箱、空调、洗衣机、大功率水泵等，在起动时，其瞬时功率可能是其额定功率的 5 ~ 6 倍，此时，逆变器将承受很大的瞬时浪涌。针对此类系统，逆变器的额定容量应留有充分的余量，以保证负载能可靠起动，高性能的逆变器可做到连续多次满负荷起动而不损坏功率器件。小型逆变器为了自身安全，有时需采用软起动或限流起动的方式。

另外，逆变器还要有一定的过载能力，当输入电压与输出功率为额定值，环境温度为 25 ℃时，逆变器连续、可靠工作时间应不低于 4 h；当输入电压为额定值，输出功率为额定值的 125% 时，逆变器安全工作时间应不低于 1 min；当输入电压为额定值，输出功率为额定值的 150% 时，逆变器安全工作时间应不低于 10 s。

例如，光伏系统中主要负载是 150 W 的电冰箱，正常工作时选择额定容量为 180 W 的交流逆变器即能可靠工作，但是由于电冰箱是感性负载，在起动瞬间，其功率消耗可达额定功率的 5 ~ 6 倍之多，因此逆变器的输出功率在负载起动时可达到 800 W，考虑到逆变器的过载能力，选用 500 W 逆变器即能可靠工作。

当系统中存在多个负载时，逆变器容量的选取还应考虑几个用电负载同时工作的可能性，即"负载同时系数"。

5.3.2　光伏逆变器的安装

1. 光伏逆变器的安装准备

（1）在安装前首先应该检查逆变器是否在运输过程中有损坏。

（2）在选择安装场地时，应该保证周围内没有任何其他电力电子设备的干扰。

（3）在进行电气接线之前，务必采用不透光材料将光伏电池板覆盖或断开直流侧断路器。暴露于阳光，光伏阵列将会产生危险电压。

（4）所有安装操作必须且仅由专业技术人员完成。

（5）光伏发电系统中所使用的线缆必须连接牢固，绝缘良好以及规格合适。

（6）所有的电气安装必须满足当地以及国家电气标准。

（7）仅当得到当地电力部门许可并由专业技术人员完成所有电气连接后，才可将逆变器并网。

（8）在进行任何维修工作前，应首先断开逆变器与电网的电气连接，然后断开直流侧电气连接。

（9）等待至少 5 min 直到内部元件放电完毕方可进行维修工作。

（10）任何影响逆变器安全性能的故障必须立即排除方可再次开启逆变器。

（11）避免不必要的电路板接触。

（12）遵守静电防护规范，佩戴防静电手环。

（13）注意并遵守产品上的警告标识。

（14）操作前，初步目视检查设备有无损坏或有其他危险状态。

（15）注意逆变器外部散热表面，防止烫伤。例如，功率半导体的散热器等，在逆变器断电后一段时间内，仍保持较高温度。

2. 光伏逆变器的总体安装流程

逆变器的总体安装流程如图 5.35 所示。

图 5.35　逆变器的总体安装流程

3. 光伏逆变器安装位置要求

（1）勿将光伏逆变器安装在阳光直射处；否则，可能会导致额外的逆变器内部温度，逆变器为保护内部元件将降额运行。温度过高甚至会引发逆变器温度故障。

（2）选择安装场地应足够坚固且能长时间支撑逆变器的重量。

（3）所选择安装场地环境温度为 −25 ～ +50℃，安装环境清洁。

（4）所选择安装场地环境湿度不超过 95%，且无凝露。

（5）逆变器前方应留有足够间隙以便易于观察数据以及维修。

（6）逆变器尽量安装在远离居民生活的地方，因其运行过程中会产生一些噪声。

（7）安装地方确保不会晃动。

4. 逆变器的电气连接

（1）所有的电气安装必须符合当地电气安装标准。

（2）确保交流侧和直流侧的断路器都处于断开状态。

（3）在进行连接过程中，应选择不同颜色线缆以作区别。如正极连接器连接红色线缆，负极连接器连接蓝色线缆。

（4）为保证各路光伏组串之间的平衡，所选择的各路直流线缆应具有相同的横截面积。

（5）在光伏发电系统中，所有非载流金属部件和设备的外壳都应该接至大地，如光伏模块的支架、逆变器外壳等。

（6）配电系统的防雷与接地。逆变器的防雷接地主要以水平接地为主，垂直接地为辅，接地电阻不应大于 4 Ω。

5. 逆变器的通信连接

单台逆变器的通信连接方法如图 5.36 所示，需要将逆变器的 RS-485 通信口接 RS-485/232 转换器，再连接到监控 PC。

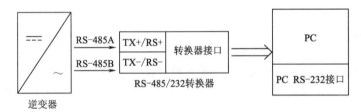

图 5.36　逆变器通过 RS-485/232 转换器与 PC 连接

单台或多台逆变器通过 RS-485 标准串口与 SunInfo Logger 数据采集器进行通信，与上位 PC 通信，通过 SunInfo Insight 光伏系统监控软件进行监控，如图 5.37 所示。

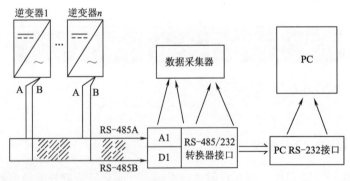

图 5.37　多台逆变器通讯连接

其通信连接步骤如下：

（1）使用一根双芯屏蔽电缆作为 RS-485 总线，在起始端串联一个 120 Ω 电阻器。

（2）将逆变器 RS-485 连接通信线缆，并引出接至 RS-485 总线。

（3）按照步骤（2）将所有的逆变器通信端连接至 RS-485 总线。

（4）将 RS-485 总线连接至数据采集器 RS-485/232 转换器。为了保证通信质量，RS-485 通信线缆需要采用双绞屏蔽线。屏蔽线的屏蔽层连接后，在监控终端处采用单点接地的方式。

5.3.3　小型光伏逆变器的制作实践

以高频逆变器的制作为例进行说明。此逆变器一般用于驱动几百瓦的灯泡，能够轻易满足户外照明的用途。逆变器想要大功率就要用 IGBT，在此主要是用场效应管作为逆变器。为什么不用三极管而用场效应管呢？原因如下：

（1）场效应管是电压控制器件，它通过 U_{GS} 来控制 I_D；

（2）场效应管的输入端电流极小，因此它的输入电阻很大；

（3）场效应管是利用多数载流子导电，因此它的温度稳定性较好；

（4）场效应管组成的放大电路的电压放大系数要小于三极管组成放大电路的电压放大系数；

（5）场效应管的抗辐射能力强；

（6）由于不存在杂乱运动的少子扩散引起的散粒噪声，所以噪声低。

1. 绘制逆变器原理图

小型光伏逆变器原理图如图 5.38 所示，注意，此逆变器不能用三极管制作，只能用场效应管或 IGBT 制作。

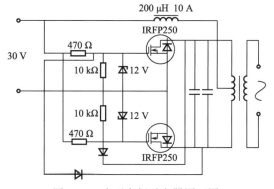

图 5.38　小型高频逆变器原理图

2. 元器件清单（见表 5.1）

表 5.1　元器件清单

名　称	规　格	数　量
电阻器	10 kΩ/0.25 W	2 个
电阻器	470 Ω/3 W	2 个
二极管	1N4007	2 个
稳压二极管	12 V	2 个
电容器	1 200 V/0.3 μF	2 个
磁环	—	1 个
漆包线	1 mm	1 m

名　称	规　格	数　量
漆包线	1.2 mm	若干
接线端子	2P（脚距 5 mm）	3 个
接线端子	3P（脚距 5 mm）	2 个

3. 制作步骤

（1）绘制小型逆变器布线图，如图 5.39 所示。

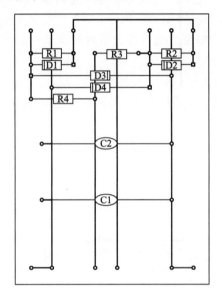

R1:10k	C1:0.3μF	D1:12 V稳压管
R2:10k	C2:0.3μF	D2:12 V稳压管
R3:470Ω		D3:1N4007
R4:470Ω		D4:1N4007

图 5.39　小型逆变器布线图

（2）接线端子焊接效果图如图 5.40 所示。

图 5.40　接线端子焊接效果图

（3）焊接电路元器件。将各电路元器件按照逆变器原理图依次焊接至主板上，效果图如图5.41所示。

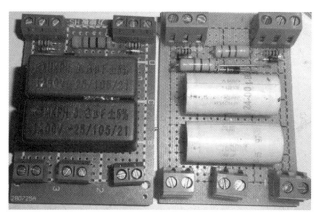

图5.41　逆变器主板焊接效果图

在焊接过程中，用万用表红表笔测量12 V稳压管的白环端，用黑表笔测量无环端，导通或蜂鸣器响或电阻很低（100 Ω以下）则稳压管损坏，必须更换，否则会出现场效应管炸管现象和电源损坏。

再用万用表红表笔测量1N4007二极管的白环端，用黑表笔测量无环端，导通或蜂鸣器响或电阻很低（100 Ω以下）则二极管损坏，必须更换，否则会出现场效应管炸管现象和电源损坏。

最后测量各路是否连同，以防虚焊。虚焊是焊点处只有少量的焊锡焊住，造成接触不良，时通时断。虚焊与假焊都是指焊件表面没有充分镀上锡层，焊件之间没有被焊锡固住。这是由于焊件表面没有清除干净或焊锡用得太少，以及焊接时间过短所引起的。

（4）绕磁环。用1 mm^{2}的漆包线绕20圈即可；然后就用高压包来测试，看看电路是否有损坏。用1 mm^{2}的线在高压包磁芯上绕5 + 5圈。不能绕反，必须是相同方向。

图5.42中只绕了5 + 3圈，而我们需要绕5 + 5圈，然后按照电路图连接好，检测无误，即可通电测试。

图5.42　漆包线绕效果图

（5）变压器绕线。先准备好变压器骨架，再用铜线沿着骨架平整绕线，中间不能有间隙，如图 5.43 所示。

图 5.43　变压器初始绕线效果图

绕完第一层再绕回去，然后刮去中间的漆，再将引线焊接在变压器底座引脚上。接着重复绕线直至绕满引脚为止，最后用绝缘漆浸泡，如图 5.44 所示。

图 5.44　变压器最终绕线效果图

（6）逆变器装箱。将已制作好的逆变器主板和变压器进行接线装箱，其装箱原理图如图 5.45 所示。

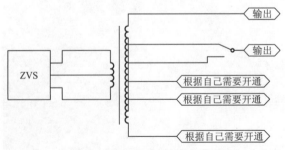

图 5.45　小型逆变器装箱原理图

装箱之后，小型高频光伏逆变器就制作完成了，如图 5.46 所示。

图 5.46　小型高频光伏逆变器

练　　习

1. 实现有源逆变必须满足哪两个必不可少的条件?
2. PWM 逆变电路的控制方法主要有哪几种? 简述异步调制与同步调制各有哪些优缺点?
3. 什么是逆变失败? 逆变失败后有什么后果? 形成的原因是什么?
4. 电压型逆变电路中反馈二极管的作用是什么? 为什么电流型逆变电路中没有反馈二极管?
5. 请简要说出单相电压源型逆变器与三相电压源逆变器的联系与差别。
6. 请简要说出单相直接逆变系统的工作原理。
7. 光伏发电中哪些环节涉及电源变换技术?
8. 风力发电中哪些环节涉及电流变换技术?

参 考 文 献

[1] 徐远根，刘敏，乔恩明. 现代电力电子元器件识别、检测及应用 [M]. 北京：中国电力出版社，2010.

[2] 刘力涛. IGBT 驱动电路研究 [J]. 电焊机，2011 (06).

[3] 刘伟明，朱忠尼. 光耦合器 HCPL-316J 在 IGBT 驱动电路中的应用 [J]. 空军雷达学院学报，2008 (06).

[4] 郑颖楠，慈春令. GTR 基极 "毛刺" 现象分析及解决方法 [J]. 电力电子技术，1995 (02).

[5] 张海亮，陈国定，夏德印. IGBT 过电流保护电路设计 [J]. 机电工程，2012 (08).

[6] 何凤有，谭国俊，胡雪峰，等. IGBT 模块的驱动和保护技术 [J]. 电气开关，2003 (04).

[7] 徐立娟. 电力电子技术 [M]. 北京：人民邮电出版社，2010.

[8] 王兆安，黄俊. 电力电子技术 [M]. 4 版. 北京：机械工业出版社，2009.

[9] 王厦楠. 独立光伏发电系统及其 MPPT 的研究 [D]. 南京：南京航空航天大学，2008.

[10] 张诗琳. 电力电子技术及应用 [M]. 北京：化学工业出版社，2013.

[11] 马宏骞. 电力电子技术及应用项目教程 [M]. 北京：电子工业出版社，2013.

[12] 李钟实. 太阳能光伏发电系统设计施工与维护 [M]. 北京：人民邮电出版社，2011.

[13] 黄家善. 电力电子技术 [M]. 北京：机械工业出版社，2007.

[14] 周元一. 电力电子应用技术 [M]. 北京：机械工业出版社，2013.

[15] 姜久超，王伟. 电力电子技术 [M]. 北京：中国水利水电出版社，2014.

[16] 张文凡，廖辉，刘民庆. 电工电基本技能实训 [M]. 北京：中国电力出版社，2012.

[17] 杨希炯，石文波. 谐振型零电流电压逆变器的介绍和分析 [J]. 现代焊接，2013 (09).